趣说机器人

中小学机器人科普读本

张 森◎著

电子工业出版社·

Publishing House of Electronics Industry

北京·BEIJING

内 容 简 介

本书是畅销书的升级版，是一本生动有趣的中小学机器人学启蒙书，书中以幽默风趣的大众化语言讲述了中小学机器人学的基本概念及应用，介绍了中小学机器人教学活动的主要内容。全书共 5 章，涉及机器人发展简史、机器人中的 STEM、机器人硬件组成及原理、机器人程序设计和机器人制作举例。在本书的最后增加了两个附录，讨论了中小学机器人教学的相关话题，并介绍了一个机器人对抗比赛方案。

本书特别适合 9 ~ 12 岁的小朋友阅读，也可供机器人爱好者参考。

图书在版编目（CIP）数据

趣说机器人：中小学机器人科普读本 / 张森著 . — 北京：电子工业出版社，2020.10
ISBN 978-7-121-39446-1

Ⅰ . ①趣 … Ⅱ . ①张 … Ⅲ . ①机器人 — 青少年读物 Ⅳ . ① TP242-49

中国版本图书馆 CIP 数据核字（2020）第 156868 号

责任编辑：朱雨萌　　特约编辑：王　纲
印　　刷：北京捷迅佳彩印刷有限公司
装　　订：北京捷迅佳彩印刷有限公司
出版发行：电子工业出版社
　　　　　北京市海淀区万寿路 173 信箱　邮编　100036
开　　本：787×980　1/16　印张：15.75　字数：256 千字
版　　次：2020 年 10 月第 1 版
印　　次：2024 年 8 月第 4 次印刷
定　　价：78.00 元

凡所购买电子工业出版社图书有缺损问题，请向购买书店调换。若书店售缺，请与本社发行部联系，联系及邮购电话：（010）88254888，88258888。

质量投诉请发邮件至 zlts@phei.com.cn，盗版侵权举报请发邮件至 dbqq@phei.com.cn。

本书咨询联系方式：zhuyumeng@phei.com.cn。

专家指导委员会

（按姓氏笔画排序）

艾　伦

孙哲南

杨开城

董　晶

前言

P R E F A C E

伴随着信息化、智能化的发展，国家对人工智能越来越重视，作为人工智能载体之一的机器人也逐渐受到大家的广泛关注，中小学生机器人教育在国内开展得如火如荼。

本书是畅销书的升级版，以生动幽默的语言介绍了中小学机器人教学的主要内容，全书共 5 章，涉及机器人发展简史、机器人中的 STEM、机器人硬件组成及原理、机器人程序设计和机器人制作举例。附录中给出了笔者对于机器人教学的一些认识和观点，以及一个机器人对抗比赛方案。第 1 章简述了机器人的起源与发展，介绍了机器人的概念，探讨了古今中外不同种类的机器人。第 2 章讨论了机器人中的 STEM，包括生命科学、空间科学、物质科学、信息科学、数学、工程与技术等相关内容。第 3 章介绍了机器人的硬件组成及原理，包括机器人的机械部分、电器部分及嵌入式系统的简单原理。第 4 章阐述了机器人程序设计，介绍了机器人程序编译工具 GULC 的使用及其所对应的机器人控制命令，并简单探讨了 C 语言的语法结构。第 5 章举例说明了机器人的制作，包括恐龙机器人、宠物狗机器人、火车机器人和人工机械手臂。附录 A 中提出了一些关于机器人教学的个人观点，包括教学内容、教学目标、能力培养、设计原则等。附录 B 中介绍了一个机器人对抗比赛方案，供教育机构或学校参考。

本书非常适合 9～12 岁的小朋友阅读，也可供广大机器人爱好者参考。

本书在写作和出版期间得到了许多领导、专家、同事、朋友、学生和亲人的帮助与支持。

首先，我要向中国科学院谭铁牛院士表达最崇高的敬意，因为他使我真正懂得了爱因斯坦的名言——"想象力比知识更重要"，想象力是一切的源头。那是在中国人工智能学会第七届理事会上，作为学会副理事长的谭铁牛院士主持讨论了以"学会的历史担当"为主题的重要议题。会议上，谭院士妙语连珠，对每一位理事的发言都做出了即兴点评，我身处其中，深刻感受到他的每一段点评都那么生动幽默又不失大师风范，充满了想象力。当时我犹如醍醐灌顶，对于爱因斯坦的这句名言有种顿悟的感觉。

其次，本书的创作源于中国科学院自动化研究所智能感知与计算研究中心，以及中国科学院自动化研究所－中科智能之星"人工智能与机器人教育联合实验室"全体员工的科研感召力与学术水准。本书成稿要感谢专家指导委员会全体专家的宝贵建议，在中国科学院孙哲南研究员和董晶副研究员的帮助下，围绕本书召开了专家论证会，听取了各方意见。首都师范大学艾伦教授帮我调整了部分内容，使得本书条理更加清晰。北京师范大学杨开城教授指出了书中的多处不足，并对机器人教育教学提出了自己的建议。

感谢中国科学院自动化研究所智能感知与计算研究中心，以及中国科学院自动化研究所－中科智能之星"人工智能与机器人教育联合实验室"的各位领导、同事对本书的大力支持，大家互相帮助、共同努力，就像一个温馨的大家庭。

感谢北京暴丰科技有限公司权忠杰总经理和林俐华老师，他们帮我联系出版社并提供了许多机器人相关素材。感谢电子工业出版社学术出版分社的董亚峰社长和朱雨萌编辑，他们帮我出谋划策，使本书得以顺利出版。

感谢天津中科智能识别产业技术研究院的矫金鑫、吴为和实习生汤欣亮、温嘉莉、丁方仪、刘曦、赵秋云、张月等，她们帮我查找了书中图片的来源并校对了全部文字。感谢我教过的所有"小可爱"，他们是那么活泼并具有个性，为我提供了丰富的教学案例。

最后，感谢我的奶奶、爸爸、妈妈及其他家人，特别是我的爱人，她凭借多年教学经验，对书中多处内容提出了修改意见。

本书也献给我家那个活泼、善良的贝贝，他总是乐意做我的第一个读者，这是我坚持写作的动力。在这里我要对贝贝说：爸爸永远爱你！

由于时间仓促，加之笔者水平有限，书中疏漏之处在所难免，希望各位专家和广大读者批评指正。另外，本书中有些素材来源于网络，如遗漏声明，请与笔者或出版社联系。

张 森

二〇一九年冬

于中国科学院自动化研究所

目录
C O N T E N T S

第5章　我们都是小创客——机器人制作举例 / 192

第1章

奇妙的机器人世界

1.1 神奇的机器人

1.1.1 什么是机器人

提起机器人，大家一定会想到影视作品中许多生动有趣的形象。例如，《超能陆战队》中呆萌善良的大白、《机器人总动员》中淘气可爱的瓦力，当然还有威武霸气的变形金刚等，如图 1-1 所示为影视作品中的机器人形象。

（a）呆萌善良的大白　　　（b）淘气可爱的瓦力　　　（c）威武霸气的变形金刚

图 1-1　影视作品中的机器人形象

（图片来源：https://baike.baidu.com/pic/）

这些都是影视作品中的机器人形象。那么，到底什么是机器人呢？《中国大百科全书》中对机器人的定义如下：能灵活地完成特定的操作和运动任务，并可再编程序的多功能操作器[1]。

这个定义好复杂！来个简单的定义吧——机器人就是有大脑的机器，它的大脑里存储了程序。机器人不一定具有人类的外表，却像人类一样拥有大脑，太神奇了！

机器人科学是计算机科学与人工智能科学发展的产物，所涉及的内容包括生命科学、空间科学、物质科学、信息科学、数学、工程与技术等许多方面。

1.1.2　从一个单词说起——"Robot"

"Robot"（读作"罗伯特"）在英语中是"机器人"的意思。可是，英语中"机器"的单词是"Machine"，"人"的单词是"Man"，"机器人"为什么不是"Machine Man"而是"Robot"呢？这里面有个小故事。

图 1-2　卡莱尔·恰佩克

（图片来源：http://blog.chinaunix.net/）

卡莱尔·恰佩克（Karel Capek，1890—1938 年，如图 1-2 所示）是捷克著名的剧作家、科幻文学家和童话寓言家。

在 1920 年前后，他推出了科幻剧《罗萨姆万能机器人公司》（Rossum's Universal Robots）。这部科幻剧公演后（见图 1-3），很快就风靡了整个西方世界，人们争相观看。不过，真正让恰佩克先生和这部剧作流芳百世的，还是剧中对机器人的称谓"Robot"，这个词是从古代斯拉夫语中"robota"一词演变而来的。"robota"本是"强制劳动"的意思，恰佩克根据它创造出新词"Robot"，具有"奴隶机器"的含义，后来在英语中没做任何改动地使用了这个词，作为机器人的专用名词。这就是"Robot"的来历。

图 1-3 《罗萨姆万能机器人公司》剧照

（图片来源：http://thegreatgeekmanual.com/blog/this-day-in-geek-history-february-11-2009）

在上面这部科幻剧中，"罗萨姆万能机器人公司"是一个专门生产劳动机器人的企业。这个公司生产的劳动机器人拥有人类的外表和强健的体魄，却没有思想和灵魂。劳动机器人只会日复一日地从事繁重的体力劳动，而人类则逐渐脱离了体力劳动，成为了不劳而获的族群。

海伦娜是一位美丽的人类女孩，她认为机器人不应该受到如此不公平的待遇。于是，在她和其他人的帮助下，机器人逐渐产生情感，并且拥有了独立的灵魂。

获得了灵魂的机器人对自己的地位心生不满。终于有一天，它们揭竿而起，几乎消灭了所有的人类，只剩下罗萨姆公司的员工阿尔奎斯特，因为他像机器人一样用自己的双手劳作。

统治了世界的机器人们本来很高兴。不过，很快它们就发现，因为技术资料被人类销毁，它们无法生产小机器人。于是，它们请求阿尔奎斯特帮忙制造能够繁殖后代的机器人，并自愿充当试验材料。

可是，能力有限的阿尔奎斯特没能成为它们的"上帝"。在这绝望的时刻，一对男女机器人进化出人类最伟大的情感——爱情。于是，属于机器人族群的亚当和夏娃诞生了！世界得以延续。

1.1.3 机器人安全吗——机器人三大安全法则

《罗萨姆万能机器人公司》中的机器人好可怕，它们消灭了人类，并且统治了世界。那么在现实生活中，机器人会不会伤害人类呢？答案是不会。

图1-4 艾萨克·阿西莫夫

（图片来源：http://news.mtime. com/2008/07/29/1350777.html）

早在1942年，美国现代最著名的科普作家、科幻小说家艾萨克·阿西莫夫（Isaac Asimov，1920—1992年，见图1-4）发表的作品《转圈圈》（*Runaround*，这是短篇科幻小说集《我，机器人》中的一篇）中第一次明确提出了机器人三大安全法则，并且成为他很多小说中的机器人的行为准则。

阿西莫夫一生写了将近500部作品，是公认的科幻大师，与儒勒·凡尔纳、赫伯特·乔治·威尔斯并称科幻历史上的三巨头。其作品中的《基地系列》《银河帝国三部曲》《机器人系列》三大系列被誉为"科幻圣经"。喜欢读科幻书的读者们可以找来读一读。

机器人三大安全法则如下：

第一法则：机器人不得伤害人，或者任人受到伤害而无所作为。

第二法则：机器人应服从人的一切命令，但命令与第一法则相抵触时例外。

第三法则：机器人必须保护自己的存在，但不得与第一、第二法则相抵触。

1.2 古代也有机器人

古代也有机器人吗？答案是肯定的。古代机器人是指古代科学家、发明家研制出的自动机械物件，是现代机器人的鼻祖。在人类历史长河中，科技发展一直伴随着人类的进步。下面我们就来共同了解古代机器人的发展吧。

1.2.1 世界上最早的机器人

前面介绍了什么是机器人，那么，有人知道世界上最早记录的机器人吗？

可以骄傲地说，关于机器人最早的记录出现在我们中国。中国古代有部寓言故事集叫《列子》，其中的《汤问》篇记载了在西周朝，有位叫偃师的能工巧匠制作了一个"能歌善舞"的木质机关人。这就是世界上最早的关于机器人的记录。

《列子》又名《冲虚经》，是中国道家的重要典籍，由列御寇编写。这本书完成于春秋战国时期，分为八篇，《汤问》是其中一篇。书中的每一篇均由多个寓言故事组成，其中有我们比较熟悉的《愚公移山》《疑邻盗斧》《杞人忧天》等。

列御寇（见图 1-5）是战国时期郑国圃田（今河南省郑州市）人，道家学派代表人物，著名的思想家、寓言家和文学家。古时候，人们习惯在有学问的人姓氏后面加一个"子"字以表示尊敬，所以列御寇被尊称为"列子"。

图 1-5 列御寇（元朝华祖立绘制）

（图片来源：http://www.guoxue.com/book/liezi/0002.htm）

1.2.2 古代中国机器人

我们伟大的祖国——中国，历史悠久，幅员辽阔，曾经创造过灿烂的古代文明。自古以来，就有不少杰出的科学家、发明家制造出许多古代机器人。这些古代机器人有些拥有人类的特点，有些模拟动物的特征，有些甚至具备自动化和可编程的特性。

让我们一起穿越历史，回到古代，认识一些典型的古代机器人吧。

1. 指南车

指南车是一种机械定向自动控制装置，它采用了能自动离合的齿轮传动系统[2]。传说远古时期，蚩尤与黄帝两个部落交战。战争中，蚩尤施展法术降下大雾，雾时间，天地间白茫茫一片，使人不辨东西南北，蚩尤部落借着大雾打败了晕头转向的黄帝部落。黄帝不甘心失败，终于制造出指南车。指南车上有一个小木人，不论车子前进、后退还是转弯，木人的手一直指向南方，即使在雾中也能指示方向。这下黄帝不再惧怕蚩尤的法术，最终打败了蚩尤部落。

在古代文献《通鉴外纪》和《古今注》中都记载了这个传说。当然，根据黄帝时代的科学技术水平和当时的社会生产力，能否造出指南车，还是个谜。第一个真正在史书中留下姓名的指南车机械专家是三国时期的马钧，这在《三国志》注引《魏略》中有所记载。现在，许多博物馆中还陈列着如图 1-6 所示的指南车复原模型。

图 1-6 指南车复原模型

（图片来源：https://tieba.baidu.com/）

2. 木鸟

春秋时期著名的木匠鲁班不仅木工做得好，还是一位聪明的发明家。据《墨经》记载，他曾制造过一种会飞的机器鸟，用木材做成，内设机关，能在空中飞行三天，如图 1-7 所示。

图 1-7　鲁班制造的木鸟

（图片来源：http://www.mars500.org.cn）

不仅如此，他还创造了能载人的大木鸢（yuān）（木鸢就是木材做的风筝）。据唐朝《酉阳杂俎》记述，一次鲁班去离家很远的地方工作，因为想念家中的妻子，就做了一只木鸢，只要骑上去敲几下，木鸢就会载着他飞回家中看望妻子。当然，这个故事带有神话色彩，但它反映了当时劳动人民对鲁班的崇拜和对天空的向往。

此外，据史书记载，古代的墨子、张衡、韩志和等人都曾制造出会飞的木鸟。

3. 记里鼓车

大家都坐过计程车吧，乘坐计程车时，"里程表"或"计价器"每走一段距离就会增加一些费用。计程车不仅现代有，古代也有。

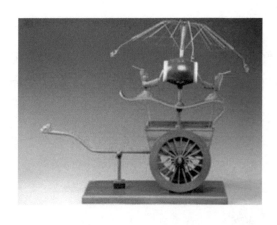

图 1-8　复原的记里鼓车

（图片来源：http://www.njgdbqqx.com/）

记里鼓车就是古代的计程车。它是中国古代用于自动计量道路里程的车辆，由记道车发展而来[2]。如图 1-8 所示，当车行至一里时，车上的木人就敲一下鼓；当车行至十里时，车上的木人就敲一下镯（长得像小钟一样的古代乐器）。

有关记里鼓车的描述，最早见于西汉刘歆所著的《西京杂记》。而在历史文献中设计制造记里鼓车，明确留有姓名的也不乏其人。例如，唐朝的马待封、金公立，宋或五代时期的苏弼；宋仁宗天圣五年（公元 1027 年），内侍卢道隆设计制造了记里鼓车；大观元年（公元 1107 年），吴德仁研制了记里鼓车等。

4. 木牛流马

话说在一次魏国与蜀国的战争中，蜀国丞相诸葛亮听到报告，随军使用的粮草还没运到，便给出了《作木牛流马法》，制造了许多木牛流马来搬运粮米。这些牛马既不用吃东西也不用喝水，还可以昼夜连续工作，将官们纷纷感叹"太神奇了"。

不久，魏国的将领司马懿听说了这件事，便派人去抢了几个木牛流马回来，还仿制了许多一模一样的产品，也用来运粮食。司马懿十分得意，却不知，这恰恰中了诸葛亮之计。

原来，这些木牛流马的口舌之内都有机关。当诸葛亮发现司马懿的魏军开始用他们仿造的木牛流马搬运粮草时，便派许多士兵穿上魏军的衣服混入运输队，暗中将木牛流马口中的舌头扭转，使其不能行动。正当魏军怀疑有怪时，诸葛亮又派五百名士兵装扮成神怪模样，一边燃放烟火，一边驱动木牛流马前行。司马懿的士兵目瞪口呆，以为诸葛亮有神鬼相助，也不敢追赶。诸葛亮就这样轻而易举地获得了许多粮草。

这是《三国演义》中的一则故事，讲述了木牛流马的来历。不过由于没有任何实物与图形留存后世，多年来，人们围绕着木牛流马做过许多猜测。

一种意见认为，木牛流马是经诸葛亮改进的普通独轮推车。但是，有人对此颇有微词，认为独轮车的机械原理十分简单，诸葛亮的本领不至于如此平庸。还有一种意见认为，木牛流马是新款的自动机械。第三种意见认为，木牛流马是四轮车和独轮车，但是何者为四轮、何者为独轮却存在截然相反的观点，我们也无法评判哪种说法正确。诸葛亮如果地下有知，一定会后悔当初没有留下详细的制作图解 [3]。

不管怎样，木牛流马作为中国古代机器人的一种还是被后人记录了下来。

1.2.3　古代外国机器人

不仅我们中国有古代机器人，许多其他国家也有自己的古代机器人，我们一起去看看。

1. 气转球（古希腊）

公元 1 世纪，中国正处在西汉向东汉过渡的时期。在遥远的古希腊，有位数学家叫希罗，他发明了气转球，如图 1-9 所示。这是最早的将蒸汽转化为动力的机器 [4]。其原理是在锅底加热使密封锅中的水沸腾变成水蒸气，水蒸气由管子进入球中，由球体两旁的喷头喷出，使球体转动。不仅如此，它还可以借助蒸汽唱歌、学鸟叫等。当然，气转球最终只是作为玩具存在的。

图 1-9　希罗与气转球

（图片来源：http://www.360che.com/news/151231/50767.html）

2. 射箭童子（日本）

1662 年，清朝的康熙皇帝刚刚登上皇位，而在日本的竹田近江先生则利用钟表技术发明了自动机器人偶——"射箭童子"，并在大阪的道顿堀（kū）演出。

"射箭童子"是当时日本自动机器人偶的最高杰作，甚至有人称其为日本机器人的鼻祖。如图 1-10 所示，它利用发条装置，靠线绳牵引数片转轮来驱动"房顶"的人偶做出从取箭到拉弓射箭的一系列复杂动作。

图 1-10　修复的射箭童子

（图片来源：http://info.toys.hc360.com/）

3. 机器鸭（法国）

1738 年正是清朝的乾隆三年。这一年，在遥远的法国，天才技师雅克·戴·瓦克逊（Jaques de Vaucanson）发明了仿生机器鸭，如图 1-11 所示，它会嘎嘎叫，会游泳和喝水，还会进食和排泄。瓦克逊的本意是把生物的功能加以机械化，从而进行医学上的分析。

图 1-11　仿生机器鸭

（图片来源：http://www.chuandong.com/）

4. 写字玩偶（瑞士）

1773 年是中国清朝乾隆皇帝在位的第三十八年。同年，瑞士的一批工程师制造出了精美的写字玩偶，如图 1-12 所示。

这些玩偶利用齿轮和发条原理制成。它们有的拿着画笔绘画，有的拿着鹅毛蘸墨水写字，结构巧妙，服装华丽，在欧洲风靡一时。

图 1-12　写字玩偶

（图片来源：http://www.morningpost.com.cn/）

1.3 现代机器人演义

"时光如水，岁月如歌"，我们刚刚结束了探寻古代机器人的旅程，现在又"嗖"的一声穿越回现代，一起来认识现代机器人吧！

1.3.1 现代机器人的起源

现代机器人的研究开始于 20 世纪中期，也就是 1950 年前后。这一时期，人类开始研究原子能、核能等的开发利用。但在研究过程中，许多类似于处理放射性物质的操作对人体伤害非常大，极度危险。人们就设想用一种机器来代替人类在有毒、有害、高温或危险的环境中工作。这一时期的计算机、自动化等技术也像坐了火箭一样飞速发展，为机器人的产生奠定了坚实的技术基础。

有了需求、有了技术，英格伯格先生研制的"尤尼梅特"（Unimate）就横空出世了。

什么？"一个胳膊"是谁？不对，是英格伯格，他可是大名鼎鼎的"机器人之父"。

约瑟夫·英格伯格（Joseph F. Engelberger，见图 1-13）是世界上最著名的机器人专家之一，1925 年 7 月 26 日出生于美国纽约。他建立了 Unimation 公司，利用德沃尔（George Devol）所授权的专利技术，于 1959 年研制了世界上第一台工业机器人"尤尼梅特"。由于他对创建机器人工业做出的杰出贡献，人们称他为现代"机器人之父"。

"尤尼梅特"的意思是"万能自动"，它是世界上最早的、至今仍在使用的现代工业机器人。

"尤尼梅特"的功能与人的手臂功能相似。它的外形如图 1-14 所示，在厚实的底座上有一个长长的机械臂，机械臂分为大臂和小臂两部分，大臂可以绕着底座转动，小臂可以相对大臂伸出或缩回。小臂顶端有一个类似手腕的关节，可绕小臂转动，手腕前面就是操作手，用于完成各种操作。

到了 1962 年，美国机械铸造公司（American Machine and Foundry Company，AMF 公

司）也制造了工业机器人，称为"沃尔萨特兰"（Verstran），意思是"万能搬动"。工业机器人率先在人类社会得到了广泛应用。

图 1-13　约瑟夫·英格伯格

（图片来源：http://n.cztv.com/）

图 1-14　尤尼梅特

（图片来源：http://kejiao.cntv.cn/）

1.3.2　现代机器人的发展

机器人的发展大致经历了三代。第一代是示教再现型机器人，第二代是具有一定的感觉功能和自适应能力的离线编程机器人，第三代是智能机器人[5]。

1. 示教再现型机器人

第一代机器人是示教再现型机器人。"示教"指演示和教授，通常是人手操纵机械手将需要完成的任务做一遍，或者通过人编写程序（这里是"可编程"的意思），让机器人一步步地完成它应当完成的动作。"再现"指重现。也就是说，机器人会自动将"示教"过程存入记忆装置，当机器人工作时，能按照"示教"的动作自动重复执行。

示教再现型机器人如图 1-15 所示，这种机器人能够按照事先教给它们的程序重复工作。这种机器人的缺点是不具有对外界信息的反应能力，很难适应变化的环境。前面介绍的"尤尼梅特"和"沃尔萨特兰"都是典型的示教再现型机器人。

图 1-15　示教再现型机器人

（图片来源：http://www.qjy168.com/）

2. 离线编程机器人

第二代机器人是具有一定的感觉功能和自适应能力的离线编程机器人，简单地说，就是有感觉的机器人。所谓的"感觉"，即听觉、视觉、触觉等。

有感觉的机器人其实就是带传感器的机器人。20 世纪七八十年代，传感器技术飞速发展，出现了各种各样的传感器，如可见光传感器、红外线传感器、超声波传感器、碰撞传感器、压力传感器、温度传感器等。这些传感器的出现推动了"有感觉的机器人"的诞生。

有感觉的机器人通过听觉传感器（如麦克风等）、视觉传感器（如摄像头等）、触觉传感器（如碰撞传感器、红外线传感器等）等感知外界环境。机器人工作时，可以根据感觉器官（传感器）获得的信息，灵活调整自己的工作内容，保证在不同状况下完成不同的工作。例如，1989 年美国研制出能为老人和病人服务的救生机器人 uBOT-5，如图 1-16 所示，它具有一定的识别和判断能力。

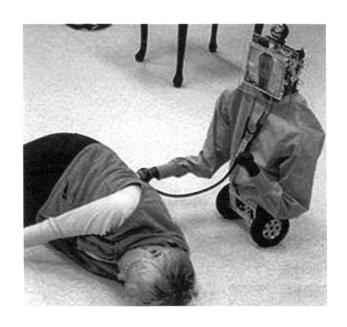

图 1-16　救生机器人 uBOT-5

（图片来源：http://digi.163.com/）

3. 智能机器人

智能机器人带有多种传感器，能够将各种传感器得到的信息自动融合，进行独立思维、识别、推理，并做出判断和决策，在没有人参与的情况下，也能完成一些复杂的工作。

智能机器人的研究是在计算机技术、机器人技术和人工智能理论的推动下发展起来的。

今天，智能机器人的应用范围已经大大扩展，涉及生产、生活的各个领域。如图 1-17 所示为英国的具有"自我意识"的女性仿真智能机器人索菲亚（Sophia）。

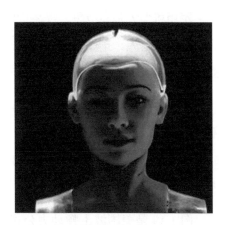

图 1-17　索菲亚

（图片来源：http://www.sohu.com/
a/64965636_208623）

不过，目前的智能机器人研究刚刚起步，想要在未来创造出更智能的机器人为人类服务，还需要大家勤奋学习、深入钻研。

1.3.3 现代机器人的分类

前面说过，机器人的应用非常广泛，那么究竟有哪些机器人呢？接下来，让我们分门别类地见识一下各种机器人吧。

机器人的分类方法很多，这里只介绍 3 种，即按机器人的用途、机器人的工作环境、机器人的行走机构来分类。

机器人按用途，可以分为军用、工业、服务及教育机器人等；按工作环境，可以分为水中、陆地、空中机器人等；按行走机构，可以分为滚轮式、履带式和步行式机器人等。下面逐一介绍。

1. 按机器人的用途分类

1）军用机器人

军用机器人是在战争、反恐中应用的一类机器人，根据具体功能又可以分为战斗机器人、运输机器人、排爆机器人等。这些机器人的出现减少了人员伤亡，提升了军队的战斗能力。

图 1-18 是俄罗斯军队使用的履带式战斗机器人"MRK-27-BT"。该机器人配备了两部"大黄蜂"火焰喷射器、两部榴弹发射器和一挺"佩彻涅格"（Pecheneg）机枪。在作战时，配备的武器可以拆卸下来单独使用。同时，士兵也可以将自己的武器配备到该机器人上，进行远距离遥控攻击。

图 1-19 是美国波士顿动力公司研发的运输机器人——大狗（BigDog）。它不但能够行走和奔跑，而且可跨越一定高度的障碍物。大狗机器人能够在交通不便的地区为士兵运送弹药、食物和其他物资，在战场上能发挥重要作用。

图 1-20 是一种排爆机器人。它体积不大，转向灵活，便于在狭窄的地方工作。操作

人员可以通过无线电或光缆在几百米甚至几千米以外遥控机器人活动。通常排爆机器人会安装多台彩色摄像机，用来对爆炸物进行观察；会有一个灵活的机械手，用来抓起或拆除爆炸物；还会装载猎枪，用来击毁爆炸物的定时装置或引爆装置；有的排爆机器人还装有高压水枪，可以切割爆炸物。

图 1-18　战斗机器人

（图片来源：http://robot.ofweek.com/2015-12/ART-8321204-9030-29034297.html）

图 1-19　运输机器人

（图片来源：http://www.168kk.com/jsht/2015/1102/12698_2.html）

图 1-20　排爆机器人

（图片来源：http://www.tezhongzhuangbei.com/）

2）工业机器人

现代机器人最早应用于工业制造领域，目前工业机器人的种类很多，如加工机器人、焊接机器人、装配机器人、喷涂机器人、空气净化机器人、搬运机器人等[6]。工业机器人的广泛使用，大大提高了工作效率和产品质量，降低了成本。

图 1-21 是加工机器人。这类机器人主要进行各类机械产品的加工工作。与传统手工操作相比，它们的特点是工作快速准确，避免了手工操作危险事故的发生。

图 1-21　加工机器人

（图片来源：http://www.tianya999.com/）

　　图 1-22 是焊接机器人。焊接是指通过加高热、高压等方法，使两个原本独立的零件连成一体的加工工艺和连接方式。人工焊接非常危险，一不小心就会伤害人的身体，并且工人体力消耗相当大。而焊接机器人不怕这些，什么危险、疲劳全都不在乎。不仅如此，还有一种多点焊接机器人，一次可焊接几十个焊点，与人工逐点焊接相比，大大提高了劳动生产率。

　　图 1-23 是装配机器人。它们可是集体劳动的模范。装配车间里的机器人协同工作，按照装配工序，每个机器人完成一个固定的零件装配步骤，共同完成产品的安装，工作效率比人类高多了。装配机器人也会像人类一样偶尔犯些小错，不过，当装配工序出现错误时，机器人能自动检查，并做出反应。

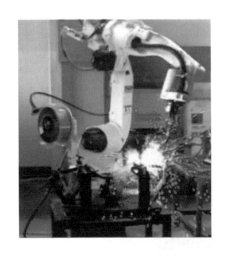

图 1-22　焊接机器人　　　　　　　　　图 1-23　装配机器人

（图片来源：http://www.tz1288.com/supply_　　　（图片来源：http://finance.qq.com/a/20160805/

view_95727844.html）　　　　　　　　017747.htm）

　　图 1-24 是喷涂机器人。喷涂是通过喷枪等工具，将染料喷洒在物体表面的方法。通常，喷洒的染料气味难闻，挥发性强，易燃易爆，对人体有很大危害。而喷涂机器人不怕这些，它们结构简单，喷涂速度快，无论何种情况下都能保证喷涂质量，甚至有些喷涂机器人还自带防爆系统，可保证工作安全可靠。

图 1-24　喷涂机器人

（图片来源：http://zixun.ibicn.com/d813865.html）

图 1-25 是空气净化机器人。现在市场上的各种空气净化器都属于这个家族。它们可以在一定空间范围内，过滤空气中的微小污染物，保持室内的温度及洁净度，是人类工作、生活必不可少的好帮手。

图 1-25　空气净化机器人

（图片来源：http://www.to8to.com/baike/11764）

　　图 1-26 是搬运机器人。搬运机器人分为移动式和固定式。固定式搬运机器人又称码垛机器人，可以完成沉重货物的摆放；移动式搬运机器人可以在无人驾驶状态下，装载着工件或其他物品自动移动，完成物品的搬运工作。目前的无人物流机器人就属于移动式搬运机器人。

图 1-26　搬运机器人

（图片来源：http://www.qpzx.com/company/General/wharbowharbo/D8275862.html）

3）服务机器人

　　伴随着机器人的发展，服务机器人家族也"人丁兴旺"，如农、林、水产及矿业机器人，医疗服务机器人，商业服务机器人等，种类繁多、琳琅满目。

　　图 1-27 是采摘机器人。它是农、林、水产及矿业机器人大家族的一员。这个家族主要用于完成收获果实、播种、插秧、环境保护、伐木、海洋捕鱼和资源开发及代替人工挖煤等工作。

图 1-27 采摘机器人

（图片来源：http://www.shobserver.com/news/）

图 1-28 是医疗康复机器人。它是医疗服务机器人大家族的一员。这个家族中有搬运机器人、自动护理系统、手术辅助机器人、医疗康复机器人等，它们专门为病人、老人、残疾人等服务。

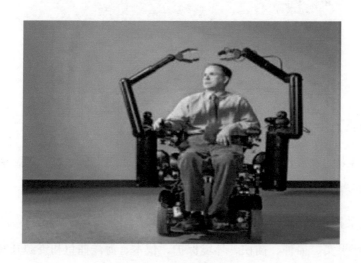

图 1-28 医疗康复机器人

（图片来源：http://3g.163.com/news/）

图 1-29 是送餐机器人。它属于商业服务机器人家族。商业服务机器人种类繁多，在各大超市、商场、旅馆中出现的迎宾机器人、搬运机器人、切火腿的机器人、跳舞机器人、会写字的机器人等都属于这个家族。

图 1-29　送餐机器人

（图片来源：http://info.b2b168.com/s168-61374930.html）

4）教育机器人

教育机器人是指面向学生机器人竞赛和开展教育教学活动用的机器人产品，是知识与趣味、动脑与动手相结合的高科技创新教育产品。

教育机器人一般以套件或散件形式出现，硬件结构比较简单，便于安装和拆卸。教育机器人有人形的，也有非人形的，以非人形的居多（大部分为车形）。通常教育机器人除机械部件外，还配有微控制器、电机和传感器。微控制器用于处理机器人程序，电机用于驱动机器人运动，传感器用于向机器人传递外界环境信息。

国外的教育机器人产品有乐高机器人、RB5X 等，国内的教育机器人产品有能力风暴机器人、广州中鸣机器人等。

如图 1-30 所示为乐高机器人。它是在积木玩具的基础上发展起来的，材质多为硬塑料，色彩鲜艳，深受低年龄段小朋友们的喜欢。

图 1-30　乐高机器人

（图片来源：https://www.amazon.cn/）

如图 1-31 所示为机械类教育机器人。它的零件多采用工业 PCB 板材、金属螺钉、金属连接件，颜色以黑白为主，整体机械感很强，很受中小学生的欢迎。

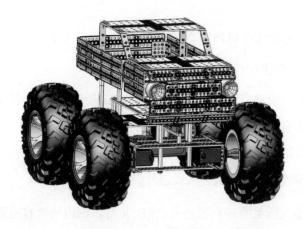

图 1-31　机械类教育机器人

2. 按机器人的工作环境分类

机器人如果按所处工作环境分类，可分为水中、陆地、空中三类。

1）水中机器人

水中机器人是指能在水中工作的机器人。水下无人潜艇及仿生机器鱼都属于水中机器人。

水中机器人主要用于狭窄空间内的检测、水下生物观察、水下考古及军事应用等，是我们观测水下世界的好帮手。

图 1-32 是中国科学院自主研发的水下机器人"海斗"号。2016 年 6 月—8 月，"海斗"号成功完成海底科学考察任务，最大下潜深度达到 10767 米。此前，只有美国和日本的水下机器人达到过这个深度。

图 1-32　水下机器人"海斗"号

（图片来源：http://news.guhantai.com/2016/0917/FCB1BAE0682E6F9A.shtml）

图 1-33 是中国科学院自动化研究所自主研发的教育用仿生机器鱼，是学生了解水下机器人、研究鱼类游动机制的好帮手。

图 1-33　仿生机器鱼

2）陆地机器人

陆地机器人是指工作在陆地上的机器人。前面提到过的军用机器人、工业机器人及服务机器人等都属于这种，这里就不多说了。

3）空中机器人

空中机器人是指能在空中完成工作任务的机器人，又称无人飞行器、无人机等。空中机器人的应用非常广泛，既可以用于军事领域，又可以用于民用和教育科研领域。

图 1-34 是美军 RQ-4"全球鹰"无人机。它是目前世界上飞行时间最长、飞行距离最远、飞行高度最大的无人机，该机曾经创造且目前仍然保持着世界无人机领域的多项纪录。

图 1-34　美军 RQ-4"全球鹰"无人机

（图片来源：http://www.city8.com/dituquantu/2550363.html）

图 1-35 是京东物流无人机。除物流领域外，空中机器人在其他民用领域的应用也非常广泛，如影视航拍、海上监视与救援、环境保护、电力巡线、渔业监管、气象探测、交通监管、地图测绘、国土监察等。

图1-35　京东物流无人机

（图片来源：http://robot.ofweek.com/2017-02/ART-8321203-8120-30108517.html）

图 1-36 是教育科研用无人机。

图1-36　教育科研用无人机

（图片来源：http://mlzg.myrb.net/system/2015/09/07/012075359.shtml）

3. 按机器人的行走机构分类

机器人根据是否具有行走机构，分为固定机器人和移动机器人[7]。

固定机器人没有行走机构，固定在底座上，机器人本身不移动，而各个关节可以移动，大多数工业机器人都属于固定机器人，如图 1-37 所示。

移动机器人具有行走机构，可以在指定或不指定范围内移动。根据行走机构的特点，主要分为滚轮式、履带式和步行式等，前两者与地面连续接触，后者与地面间断接触。此外，还有吸盘式或磁吸式爬壁机器人，如图 1-38 所示。

图 1-37　工业机器人"KUKA"

（图片来源：http://info.machine.hc360.com/2009/05/19083255420.shtml）

图 1-38　吸盘式爬壁机器人

（图片来源：http://www.elecfans.com/jixieshe-ji/20101214227692.html）

1）滚轮式机器人

图 1-39 是滚轮式机器人。滚轮的特点是非常适合平地行走，不能跨越障碍物，不能爬楼梯。滚轮式机器人通常有两轮、三轮、四轮、六轮、八轮等，它们通常由电机控制，可以前行，也可以转弯。

图 1-39　滚轮式机器人

2）履带式机器人

图 1-40 是一种履带式机器人。履带式机器人的特点是可以在凹凸不平的地面上行走，可以跨越障碍物，能爬梯度不太高的台阶。这种机器人依靠左右两个履带的速度差转弯，会产生滑动，转弯阻力大，不能很准确地确定回转半径。因为能够应付各种恶劣的路况，所以许多军用机器人都采用履带式的行走机构。

图 1-40　履带式机器人

（图片来源：http://www.xiawu.com）

3）步行式机器人

步行式机器人即脚踏行走机器人，又称连杆式机器人。步行式机器人有两足、四足、六足、八足等。

图 1-41 是深圳市优必选科技有限公司研发的双足步行式机器人"Alpha2"。它的哥哥"Alpha1"可是个大明星，2016 年还登上了中央电视台春节联欢晚会，表演了节目《冲向巅峰》。

图 1-41 双足步行式机器人"Alpha2"

（图片来源：http://www.ubtrobot.com/product/index10.html）

图 1-42 是美国波士顿动力公司最新研制的四足步行式机器人，名为"Spot"。

步行式机器人的优点是不仅能在平地上行走，而且能在凹凸不平的地上行走，能跨越沟壑，上下台阶，具有广泛的适用性。

不过，步行式机器人的研发存在一个很大的难题，就是如何保证机器人在跨步时能够自动转移重心，从而保持平衡。由于这个技术难题，现在的许多人形机器人都采用滚轮结构。例如，图 1-43 所示的人形机器人"Pepper"就采用这种结构，它是由日本软银集团和法国一家公司共同研发的。

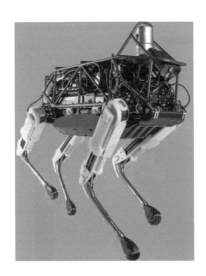

图 1-42　四足步行式机器人"Spot"

（图片来源：http://www.sohu.com/a/65034176_354973）

图 1-43　人形机器人"Pepper"

（图片来源：http://news.zol.com.cn/526/5264387.html）

第2章

机器人中的STEM

STEM 是什么？STEM 是科学（Science）、技术（Technology）、工程（Engineering）、数学（Mathematics）四门学科的英文首字母。机器人从来都不是一门单一的学问。例如，我们要制作一个昆虫机器人，首先得了解昆虫的结构；要制作一个投石机器人，就要先了解投石机的原理。所以，我们在学习机器人的过程中，不仅要学习机器人本身的知识，还要学习其他学科的相关知识，这些就是 STEM。希望大家通过阅读这一章，都能成为"小博士"。

2.1 生命科学

生命科学听起来好像很难，其实很有趣。生命科学就是研究所有生物（动物、植物、微生物等）的科学，在机器人课程中有许多模仿动物的机器人，如蜘蛛机器人、小狗机器人、螳螂机器人等，了解一些生命科学的知识当然是有必要的了。

2.1.1 什么是仿生机器人

仿生机器人就是指人类模仿生物的构造或技能设计的机器人。我们的教育机器人中有大量的仿生机器人，如仿生蜘蛛机器人、仿生青蛙机器人、仿生恐龙机器人等。在现实生活中，仿生学也有许多应用，我们一起来看一下。

1. 甲壳虫汽车

甲壳虫汽车是德国大众公司生产的一款汽车。如图 2-1 所示，这款汽车是不是很像一个甲壳虫？对了，它就是模仿甲壳虫的外形设计的，至今仍在使用。甲壳虫汽车是仿生学应用最成功的典范之一。

图 2-1　甲壳虫汽车

（图片来源：http://www.51auto.com）

2. 飞机

自古以来，人类就有飞天的梦想，最初的飞机就是模仿鸟类在天空飞翔的形态而设计制造的，如图 2-2 所示。

图 2-2　模仿鸟类的飞机

（图片来源：http://baike.baidu.com/）

3. 机械手臂

对于失去手臂的伤残人士来说，拥有灵活的手臂是他们梦寐以求的，如今，有了模拟人类手臂功能的机械手臂，如图 2-3 所示，终于实现了许多伤残人士的梦想。

图 2-3　仿生机械手臂

（图片来源：http://www.qhnews.com/）

不看不知道，世界真奇妙！在教育机器人中，仿生机器人的种类非常丰富，下面我们挑选几个典型的例子加以介绍。

2.1.2　青蛙机器人与青蛙

青蛙机器人是模仿青蛙设计的一款机器人。那么，让我们一起来了解一下自然界中的青蛙吧。

青蛙，大家几乎都见过。在池塘里，在小溪边，到处都有它们的影子。它属于水陆两栖动物，既可以在水中生活，又可以在陆地生活。它经常在水边活动，这是为什么呢？原来青蛙是以昆虫和其他无脊椎动物，如蚯蚓、蜈蚣等为食物的，而这些动物大多聚居在水边，所以青蛙也栖息在水边。

青蛙很神奇，小的时候是蝌蚪，用鳃呼吸，长大了就变成用肺和皮肤呼吸。有一部动画片《小蝌蚪找妈妈》就介绍了青蛙的幼体和成体。

青蛙的身体构造如图 2-4 所示，最奇特的是它大大的眼睛只有下眼皮，没有上眼皮。想想我们人类眨眼，总是从上往下，而青蛙眨眼只能从下往上，真有意思。

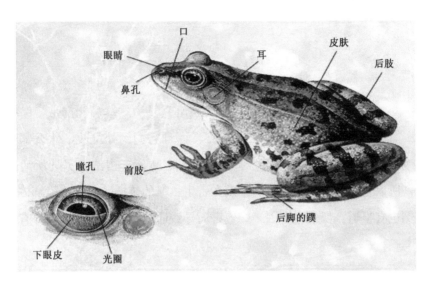

图 2-4　青蛙的身体构造

（图片来源：https://zhidao.baidu.com/）

中国的蛙类有 130 多种，它们几乎都是消灭森林和农田害虫的小能手。

介绍完青蛙，大家对仿生青蛙机器人是不是有了一个全新的认识呢？

2.1.3　蟑螂机器人与蟑螂

蟑螂机器人是模仿蟑螂设计的。说起蟑螂，大家一定会想到那些到处乱爬、肮脏恶心的家居害虫，其实并非所有的蟑螂都是那样的，我们一起来了解一下蟑螂吧。

蟑螂如图 2-5 所示，在生物学中是属于蜚蠊（fěi lián）目的昆虫，是这个星球上最古老的昆虫之一，曾与恐龙生活在同一个时代。蟑螂有 6000 多种，其中有 50 多种会入侵人类家居，还有几种被人类饲养为宠物或作为宠物的食物，其他的都生活在野外。

图 2-5　蟑螂

（图片来源：http://baike.baidu.com/）

蟑螂主要生活在热带、亚热带地区，通常身体扁平，黑褐色，头小小的，复眼发达。蟑螂不善飞，但跑得非常快。

1. 有害的蟑螂

有害的蟑螂是许多流行病的罪魁祸首。实验研究显示，蟑螂能携带、保持并排出病毒，而且它们到处乱爬、什么都吃，既可在垃圾站、厕所、盥洗室等场所活动，又可在食品上取食，所以它们会引起肠道疾病细菌和寄生虫卵的传播。此外，蟑螂体液和粪便引起过敏的事例也有报道。偶尔也有因蟑螂侵害而导致通信设备的故障。国外有人称蟑螂为"电脑害虫"。

2. 有益的蟑螂

土鳖（见图 2-6）其实是蟑螂的一种，不过它是可以作为药材的蟑螂。土鳖烘焙后可以作为生肌止血、促进伤口愈合的药物，同时对一些癌细胞有较明显的抑制作用。

图 2-6　土鳖

（图片来源：http://baike.baidu.com/）

怎么样，这下更清楚地认识了蟑螂吧？蟑螂机器人就是仿生蟑螂，跑得非常快。

2.1.4 螳螂机器人与螳螂

螳螂机器人是模仿螳螂设计的，那么我们就先认识一下螳螂吧。

螳螂如图 2-7 所示，又叫"刀螂"，无脊椎动物，属肉食性昆虫，是消灭各种害虫的小能手。

螳螂家族可是个大家族，有 2000 多种不同的螳螂分布在世界各地，特别是热带地区种类最为丰富。中国大约有 150 种螳螂。

一只螳螂的寿命只有 6～8 个月，但它生命力顽强，即使没有头，仍能存活 10 天左右。

雌性螳螂的食量和捕捉能力都大于雄性，雌性螳螂有时还能吃掉雄性螳螂，在动画片《黑猫警长之吃丈夫的螳螂》中介绍了螳螂的这个习性。据科学家推测，雌性螳螂在交配时吃掉雄性螳螂是为了补充能量。

图 2-7 螳螂

（图片来源：http://www.maigoo.com/）

传说在古希腊，人们将螳螂视为先知，因为螳螂前臂举起的样子像祈祷的少女，所以螳螂又被称为"祷告虫"。

螳螂机器人最大的特点是有一对大大的前臂。

2.1.5 恐龙机器人与恐龙

恐龙曾经是远古时代地球的霸主，后来灭绝了，现代人通过挖掘恐龙化石认识了它们。恐龙机器人就是模仿恐龙设计的。那么，我们就一起走进恐龙的世界，来认识一下这些远古时代的庞然大物吧。

恐龙生活在距今 2.3 亿年至 6500 万年的三叠纪、侏罗纪和白垩纪，统治地球达到 1.65 亿年左右。据科学家考证，我们人类在地球上存在的时间只有大约 300 万年，和恐龙比起来差得很远。后来不知什么原因恐龙灭绝了，有的科学家猜测是地外陨石与地球相撞导致的，也有科学家猜测恐龙毁灭于外星人的核打击等，众说纷纭。

恐龙的种类很多，科学家们把它们分成两大类，一类是鸟龙类，另一类是蜥龙类。下面介绍几种大名鼎鼎的恐龙。

1. 温顺善良的雷龙

雷龙如图 2-8 所示，生活在距今 1.95 亿年至 1.35 亿年的侏罗纪。它们是恐龙中最大的一种，有的身长超过 30 米，有 6 层楼那么高。不过，它们大多温顺善良，以青草和树叶为食。雷龙喜欢群体活动，当一大群雷龙从远处走来时，一定是尘土蔽日、响声如雷——这就是其名称（雷龙）的由来。

图 2-8　雷龙

（图片来源：http://baike.sogou.com/）

图 2-9　翼龙

（图片来源：http://baike.baidu.com/）

2. 自由飞翔的翼龙

翼龙如图 2-9 所示，它长着一对大大的翅膀，翅膀上还有一对尖利的爪子。

翼龙的个体大小和形态差异非常大，最大的是 1975 年在美国发现的翼龙化石，它的两翼展开约 16 米，相当于一架飞机的宽度，最小的形如麻雀。

3. 霸王龙

霸王龙又称雷克斯暴龙，如图 2-10 所示，生存于距今 6850 万年到 6500 万年的白垩纪末期，是最晚灭绝的恐龙之一。

霸王龙是暴龙科中体型最大的一种，体长 11.5 ~ 14.7 米，是一种凶猛可怕的食肉恐龙，它的牙齿全都向内弯曲，猎物一旦被它咬住就休想逃出来。

图 2-10　霸王龙

（图片来源：http://baike.baidu.com/）

恐龙机器人就是模仿霸王龙形象设计制作的，不过恐龙机器人是相当温顺听话的。

2.2　空间科学

空间科学又叫"太空科学"，是利用空间飞行器或遥感装置来研究发生在宇宙空间中各种现象的科学。相信许多人都想创造属于自己的太空探测车，去揭示宇宙的奥秘。下面，我们就介绍一些关于宇宙探测的知识。

太阳系有八大行星（2006 年冥王星被降级为矮行星），人们探索最多的地外行星是火星（见图 2-11）。这是为什么呢？因为火星是地球的近邻（金星也是地球的邻居，但它离太阳有点近），是有可能被改造成类似于地球，供人类生活的行星。人类已经向火星发射了很多携带探测机器人的宇宙飞船，其中，发射最多的是美国国家航空航天局（NASA，读作"纳沙"）。

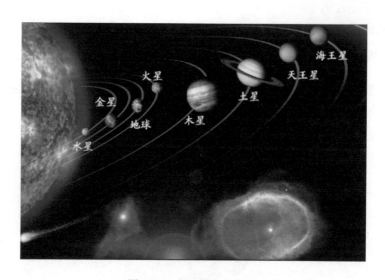

图 2-11 太阳系八大行星

（图片来源：www.iciba.com）

在许多科幻影视作品中都出现过美国国家航空航天局，这是美国最先进科技的象征。现实中的美国国家航空航天局，总部（见图 2-12）位于华盛顿哥伦比亚特区，是美国主要负责航空航天的科研机构，主要工作是航空学研究及探索，如太阳系探索、火星探索、月球探索、宇宙结构和环境研究、航空技术研究等。它参与了包括美国阿波罗计划、航天飞机发射、太阳系探测等在内的航天工程，做出了巨大的贡献。

美国国家航空航天局从 1958 年成立以来，针对火星探测发射了"好奇"号、"勇气"号和"流浪者"号等十多种探测设备，如图 2-13 所示。其中，"勇气"号和"流浪者"号探测机器人是双胞胎探测器，分别于 2004 年 1 月 3 日和 1 月 24 日抵达火星并安全着陆。它们的主要任务是寻找火星存在水和生命的证据。

了解了这么多，大家可以利用机器人套件创造属于自己的火星探测机器人了。

图 2-12　美国国家航空航天局总部

（图片来源：http://www.7zhou.com/）

（a）"好奇"号即将登陆火星　　　　　（b）"勇气"号火星探测车

（c）NASA研制的"流浪者"号火星探测车

图 2-13　NASA 的火星探测器

2.3 物质科学

物质科学，主要是对自然界物质的结构、运动及其相互作用进行研究的科学，如力的作用、机械的应用、光的特性等。在机器人设计制作过程中，需要用到很多物质科学方面的知识，我们在这里介绍一些，其他的留给大家去探索吧！

2.3.1 机器人中的力

"使劲，再使劲啊！"图 2-14 演示了现实生活中一些用力的例子，如运动员举起杠铃、工人推动车子、大象抬起木头、推土机推土等。力是物体间的一种相互作用，这种相互作用引起了物体的移动、转动、流动等。有很多种不同的力，如重力、阻力、推力、摩擦力、冲力等。在机器人搭建过程中，处处体现了力的作用，这里我们介绍摩擦力和地球引力。

图 2-14 各种力的演示图片

1. 摩擦力

摩擦力是力的一种。如图 2-15 所示，我
们推动箱子会觉得费力，为什么呢？原来在
推动箱子的时候，会产生与推力方向相反的
阻力，这是地面和箱子底部接触产生摩擦造
成的，所以称为摩擦力。

图 2-15　摩擦力

当地面和箱子底部都很光滑时，摩擦力
小，推动箱子的推力也可以小些，我们就觉
得省力；当箱子底部很粗糙时，摩擦力大，

（图片来源：http://www.wendangwang.com/）

推力就必须大些，我们就觉得费力。轮子就是利用摩擦力原理来使机器人前进的。

在现实生活中，摩擦力的用处很多，鞋子与地面摩擦使人前进，轮胎与地面摩擦使汽
车开动，刷子刷地板使污垢得以去除，筷子夹起食物使我们能够吃到东西等，都是摩擦力
的用处。在生活中，我们有时需要增大摩擦力，有时需要减小摩擦力。

如图 2-16 所示，轮胎和鞋子需要增大摩擦力。这样，车和人能平稳地移动，不容易
滑倒。要想增大摩擦力，需要使接触面更粗糙一些，所以许多轮胎和鞋底的纹理都很深。

图 2-16　增大摩擦力的物品

如图 2-17 所示，滑冰鞋需要减小摩擦力。这样，人能够在光滑的冰面上更快地滑行。
要想减小摩擦力，需要减小接触面的粗糙程度。

图 2-17　减小摩擦力的物品

（图片来源：http://www.taopic.com/）

请注意，在冰刀前面有一些小锯齿，这会增大摩擦力，用于在冰面上停下来。

2. 地球引力

螺钉为什么会掉在地上？人为什么不能在空中飞行呢？

1686 年，世界上最伟大的科学家之一——牛顿解开了这个谜团（见图 2-18）。他在《自然哲学的数学原理》一书中指出，世界上任何两个物体间都有相互吸引力，由此提出了万有引力定律。由于人与地球的质量相差太大，所以人总是被地球的引力所束缚而不能离开地面，这就是地球引力。

图 2-18　牛顿

（图片来源：http://new.060s.com/）

那么，如何才能克服地球引力呢？要使一个物体离开地球，必须沿着与引力相反的方向对它加力，使它加速运动，当它的速度达到 11.2 千米 / 秒时，就能靠惯性一直向前而脱离地球，这个速度称为脱离速度或逃逸速度。火箭就是利用这个原理离开地球的。

2.3.2　机器人中的简单机械

在我们的生活和工作中，机械无处不在。抬起手腕看看手表上的时间，这是齿轮传动；骑上自行车匆匆赶路，这是链传动和摩擦力的作用。事实上，随着 1840 年前后英国完成工业革命，机械时代拉开了序幕，我们的世界开始飞速发展。

什么是机械呢？简单地说，机械就是实现某些工作任务的装备或器具。机器人就是机械和电子完美结合的产物。机械装置作为机器人的骨骼和肌肉，构成了机器人的身体。这些机械部件利用许多机械原理协同工作，帮助机器人完成许多人类做不了的工作。

机械种类繁多、内容广泛，是一个非常庞大的家族。古希腊学者希罗（对了，就是那位发明气转球的先生）总结了 5 种简单机械——杠杆、斜面、滑轮、轮与轴、螺旋。

1. 杠杆

杠杆是最基本的简单机械，如图 2-19 所示。在各种机械装置中都能看到杠杆的身影。古代科学家阿基米德曾说"假如给我一个支点，我就能撬动地球"，这非常形象地描述了杠杆省力原理，不过，这个支点很难找到。

图 2-19　杠杆

（图片来源：http://barb.sznews.com/）

杠杆上有支点、施力点、受力点 3 个点，如图 2-20 所示，支点离重物越近，主动力臂就越长，就能用更小的力移动重物。当然，杠杆的作用不仅限于省力，也可以有其他作用，如天平等。

图 2-20　杠杆的 3 个点

（图片来源：http://www.51ppt.com.cn/）

只有一个支点的杠杆原理还可以描述如下：

（1）在无重量的杆的两端离支点相等距离处放上质量相等的重物，它们将平衡，如图 2-21（a）所示。

（2）在无重量的杆的两端离支点相等距离处放上质量不相等的重物，重的一端将下倾，如图 2-21（b）所示。

（3）在无重量的杆的两端离支点不相等距离处放上质量相等的重物，距离远的一端将下倾，如图 2-21（c）所示。

（a）平衡状态　　　　　　（b）重的一端下倾状态　　　　（c）距离远的一端下倾状态

图 2-21　杠杆原理

2. 斜面（尖劈）

斜面是一种省力的简单机械。当物体从上往下移动时，使用斜面可以实现物体靠自身重力移动，如图 2-22（a）所示的滑梯；当从下往上搬动重物时，使用斜面可以轻松地将重物运达高处，如图 2-22（b）所示。

（a）滑梯　　　　　　　　　　　　（b）搬运重物

图 2-22　斜面

（图片来源：http://www.51wendang.com/）

两个斜面所组成的形状叫作尖劈，我们家里使用的各种刀具都是尖劈，如图 2-23 所示，它能够轻松分割物体等。其工作原理就是刀口把切入的力分解为垂直于两个斜面的分割力，把物体分开。

图 2-23　菜刀

（图片来源：http://www.360mfang.com/）

3. 滑轮

滑轮也是简单机械之一，滑轮巧妙地利用了杠杆原理，把杠杆演化为可以转动的轮子，如图 2-24（a）所示。拉动一根绳子就可以节省力量，使人们的起重、运输等工作更加轻松。滑轮的典型应用是吊车和旗杆，如图 2-24（b）所示。

（a）滑轮的原理　　　　　　　　　　　（b）滑轮的应用

图 2-24　滑轮的原理及应用

4. 轮与轴

轮与轴也是简单机械的一种。机器人的轮子和履带等行走机构，是轮与轴的典型应用。确切地说，轮和轴是两个东西，如图 2-25 所示，轮是指齿轮、链轮等，轴是指传动轴（传递运动），二者相互配合才能完成机械传动的动作，在现代汽车、坦克上到处都有轮与轴的应用。

图 2-25　轮与轴的构成

（图片来源：p.freep.cn）

5. 螺旋

螺旋就是卷成圆柱状的斜面，也是简单机械之一，常用于紧固机械。螺钉和螺母应用的就是螺旋的原理，如图 2-26 所示。别看它们都很小，但却非常重要，我们的机器人如果没有它们连接就是一堆散件。在使用螺钉、螺母时要记住顺时针拧螺钉是紧固，逆时针拧螺钉是松开。

图 2-26　螺钉和螺母

（图片来源：http://www.hc360.com）

2.3.3　机器人中的机械应用举例——投石器机器人

投石器机器人是投石器的一个模型。在古代战争中，弓箭可以射杀敌人，但要想攻打城池，就需要大型的投石器。投石器利用杠杆原理发射巨石，而且射程很远。在中外古代战争中，都有这种大型武器的身影。

投石车如图 2-27（a）所示，主要由木头构成，拽拉绳子就可以把石头投出去，因为这个武器的射程很远，所以在攻城时是有利的武器。

抛石器如图 2-27（b）所示，是古代的希腊和罗马使用相同原理制造的攻城武器。

襄阳炮如图 2-27（c）所示，又称配重式投石机，由于最早在中国湖北省的襄阳郡使用而得名。

（a）投石车　　　　　　　　（b）抛石器　　　　　　　　（c）襄阳炮

图 2-27　各种投石器

（图片来源：（a）http://games.sina.com.cn/；（b）https://tieba.baidu.com/；（c）http://blog.sina.com.cn/）

图 2-28　投石器的构造

（图片来源：http://www.e3ol.com/）

投石器的构造如图 2-28 所示，包括配重、抛杆、轴、活钩、抛物、木架和底座。当活钩钩住抛杆时，抛物不能被弹射出去；当活钩离开抛杆时，根据杠杆原理，配重成为施力者，把抛物弹射出去。

在投石器机器人中，用步进马达代替活钩，用橡皮筋代替配重。

2.3.4　机器人中的电

机器人工作时为什么能唱能走？因为有电！那什么是电呢？在现代社会，电是人类最主要的能源之一，我们生活的方方面面都离不开电。没有它，我们就无法看电视、听收音机、打电话，所以电很重要，接下来我们就来了解一下让机器人工作的电。

1. 电流与电压

电流是一群电荷流动所产生的物理现象，如图 2-29 所示。就像水流一样，无数小水珠在河道中流动形成水流，无数电荷在导线中流动则形成电流。有趣的是，把"电流"两个字反过来——"流电"，正好反映了它的作用。

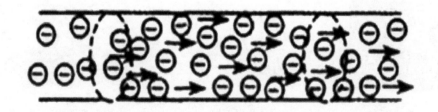

图 2-29　电流

（图片来源：http://baike.baidu.com/）

电流的大小即电流强度，表示单位时间内通过导线截面的电荷数量。电流强度的单位是安培，简称安，用 A 表示。电流强度的单位听着好像有点奇怪，是个人名吗？是的，这个单位是为了纪念法国物理学家安培（见图 2-30）而命名的。安培对于电学研究贡献巨大。电流强度的常用单位还有毫安培，简称毫安，用 mA 表示，1000mA=1A。

只有电荷移动才能产生电能，使机器人工作。电压是推动电荷移动形成电流的原因，如图 2-31

图 2-30　安培

（图片来源：http://www.baike.com/）

所示。当其他条件不变时，"电压先生"越用力，"电流先生"工作越卖力（电压越大，电流强度就越大）。同样地，把"电压"两个字反过来——"压电"，这不正是电压的作用吗？

电压的国际单位是伏特，简称伏，用 V 表示。这是为了纪念意大利物理学家伏特（见图 2-32）而命名的。伏特发明了电池。我们常用的 5 号电池的电压是 1.5V。

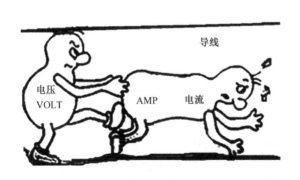

图 2-31　电压与电流的关系

图 2-32　伏特

（图片来源：http://jzb.com/）

2. 直流电与交流电

电分为直流电和交流电。

直流电简称 DC，它的电荷流动方向是固定的。直流电是由爱迪生发明的，电灯也是由他发明的，如图 2-33 所示。

直流电被广泛用于手电筒（干电池）、手机（锂电池）等各类生活小电器。这些电器的电压一般不超过 24V，属于安全电压。青少年教育机器人的动力源就是直流电。

图 2-33　爱迪生

（图片来源：http://server.chinabyte.com/）

交流电简称 AC，它的电荷流动方向会随时间变化而改变。交流电是由特斯拉发明的，如图 2-34 所示。

图 2-34　特斯拉

（图片来源：http://sjz.auto.sina.com.cn/）

生活中交流电无处不在，如电冰箱、洗衣机、电视机等用的都是交流电。我国生活用交流电的标准电压为 220V，属于危险电压。

无论直流电还是交流电，都是危险的。大家一定要注意用电安全，做到不用湿手操作电器、不触碰电源、远离脱落的电线、不拿湿布擦带电的电器等，如图 2-35 所示。

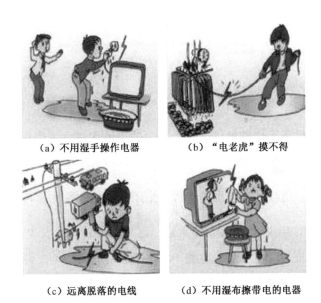

（a）不用湿手操作电器　　　　　（b）"电老虎"摸不得

（c）远离脱落的电线　　　　　（d）不用湿布擦带电的电器

图 2-35　安全用电小提示

（图片来源：http://www.0535zy.cn/）

3. 电路与电路图

电路是电流所流经的路径，通常由电源、负载（用电设备）、开关、导线组成，如图 2-36 所示。

电源是提供电能的设备，如电池、发电机等。电源有正极和负极之分，正极用"+"号表示，负极用"–"号表示，在电源外部，电流会顺着导线从正极流向负极。

负载又称用电设备，是电路中消耗电能的设备，如灯泡、电炉等。

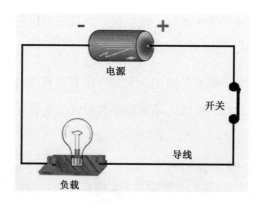

图 2-36　电路

开关是控制用电设备工作的器件。开关闭合使电流通过，用电设备工作；开关断开没有电流通过，用电设备不能工作。

导线负责把电源、负载和其他设备连成一个闭合回路，作用是传输电能。

根据开关的状态，电路可分为 3 种状态：通路、断路和短路。图 2-37（a）是通路，开关闭合使电路处处相通（也称闭合电路），电压推动电荷流动，灯泡点亮；图 2-37（b）是断路，开关断开使线路断开，电荷不能流动，灯泡不亮；图 2-37（c）是短路，没有了开关和灯泡，使得导线直接与电源两极连接，电流直接从正极流到负极，导致电源烧毁。

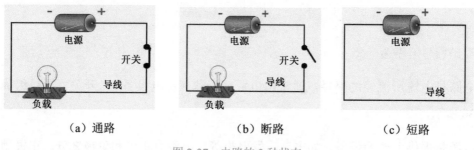

（a）通路　　　　　　　　（b）断路　　　　　　　　（c）短路

图 2-37　电路的 3 种状态

4. 欧姆的故事——欧姆定律

欧姆是 19 世纪德国伟大的物理学家，如图 2-38 所示，他最主要的贡献是通过实验发现了欧姆定律。

欧姆定律作为一个重要的物理规律，反映了电流、电压、电阻这三个"好伙伴"之间的关系，是分析、解决电路问题的"金钥匙"。

前面已经介绍了电流、电压，怎么有一个电阻，它是什么呢？

电阻是导电物体的一种基本性质，反映了导电物体对电流的阻碍作用。与电流、电压类似，把"电阻"两个字反过来——"阻电"，就是它的主要特性。

图 2-38 欧姆

电阻种类很多，如图 2-39 所示。电阻的国际单位是欧姆（Ω，简称欧），这是为了纪念欧姆而命名的。那么，让欧姆名留青史的欧姆定律说的是什么呢？

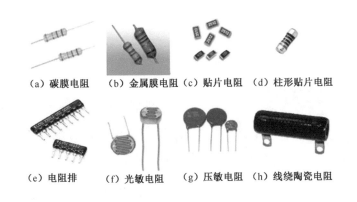

(a) 碳膜电阻　(b) 金属膜电阻　(c) 贴片电阻　(d) 柱形贴片电阻

(e) 电阻排　　(f) 光敏电阻　　(g) 压敏电阻　(h) 线绕陶瓷电阻

图 2-39　各种类型的电阻

还记得前面说的"电流先生"和"电压先生"的关系吗？这回又加了一个"电阻先生"，不过它是来捣乱的，如图 2-40 所示。本来"电流先生"和"电压先生"干得好好的，"电阻先生"一来就给"电流先生"系了个"套"，而且当电压不变时，"电阻先生"越使劲，这个"套"就越牢固，电流强度就越小，这就是欧姆定律。

具体地说就是：

电阻固定时，电压越大，电流越大。

电压固定时，电阻越大，电流越小。

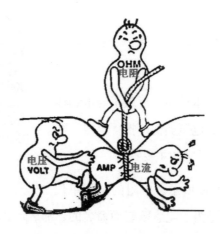

图 2-40　欧姆定律

（图片来源：http://www.nianzhi.cc/）

2.3.5　机器人中的电磁感应

图 2-41　磁体

（图片来源：http://news.d17.cc/）

机器人的运动依赖马达的工作，可马达为什么会动？只有电是不够的，还要有磁。磁是什么东西呢？

磁体能够吸引铁、钴、镍等金属，并且磁体总有两个磁极，一个是 N 极，另一个是 S 极，如图 2-41 所示。一块磁铁如果从中间锯开，就变成了两块磁铁，它们各有两个磁极。不论把磁铁分割得多么小，它总是有 N 极和 S 极，也就是说，N 极和 S 极总是成对出现的，无法让一块磁铁只有 N 极或只有 S 极。

磁极之间有一个非常有趣的现象，把两个磁体的 N 极和 N 极，或者 S 极和 S 极靠近时，磁体会互相排斥，而把 N 极和 S 极靠近时，两个磁体会相互吸引，这就是"同极性相斥、异极性相吸"的现象。

电和磁是一对相辅相成的好伙伴，电磁感应现象就是指磁产生电、电产生磁的现象。

马达之所以能够运动就是利用了电生磁的原理。通了电的线圈产生磁场，并且在电刷作用下不断改变磁极，与固定磁体不断发生同极性相斥、异极性相吸作用，导致线圈旋转，带动传动轴转动，如图 2-42 所示。

电磁感应现象的发现，是电磁学领域中最伟大的成就之一。它揭示了电与磁之间的内在联系，磁生电（发电机）为人类获取巨大而廉价的电能开辟了道路。电生磁（电动机）产生机械运动，宣告了人类电气时代的到来。

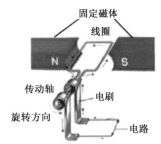

图 2-42　马达内部结构

2.3.6　机器人的能量守恒

当机器人通电时，马达把电能转化为动能（机械运动的能量），使机器人动起来；断电时，马达不能转化能量，机器人就罢工了。那什么是能量呢？什么又是能量守恒呢？

能量简称"能"，是由物质运动产生的。物质就是世界上一切能够看得见摸得着的事物，而事物的运动就产生了能量。例如，冬天我们摩擦双手就会感到温暖，这是因为双手（物质）产生了热能，如图 2-43 所示。

图 2-43　摩擦双手产生热能

（图片来源：http://www.guaiguai.com/）

能量的种类很多，如电能、热能、机械能，它们分别是电子运动产生的能量、热元素运动产生的能量、机械运动产生的能量。

"能量守恒指能量可以从一个物体传递给另一个物体，而且能量的形式可以互相转换，但能量永远不会消失。"多么经典的定义啊！能量守恒定律是自然界最普遍、最重要的基本定律之一，如图 2-44 所示。能量守恒定律完美地解释了电能在机器人中的重要性，没有电也就不会有机器人的一切运动。

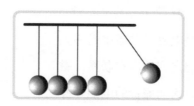

图 2-44　能量守恒定律

2.3.7　机器人眼中的光

1. 光

我们为什么能够看到这个美丽的世界呢？因为有光！光是人类认识外部世界的工具。人类感官从外部世界获得的总信息中，90% 以上是通过眼睛感光得到的。

光有四大特征，我们逐个来说说。

1）光波

"动感光波"，这是动画片《蜡笔小新》中动感超人的独创绝技之一。光是以光波的形式传播的，像水波一样。

2）直线

光以直线传播。笔直的"光柱"和太阳"光线"都说明了这一点。

3）最快

光速是目前宇宙中已知最快的速度。

4）光粒子

光是由光粒子组成的，光线越强，所含的光粒子越多。

由这些特征我们可以发现，光既是一种波又是一种粒子，有点像水滴和水波的关系，这称为光的"波粒二象性"。

在现实世界中，光分为两种——自然光和人造光。自然光主要是太阳光，人造光如激光等。

2. 太阳光

如图 2-45 所示，"万物生长靠太阳"，正是有了阳光的照耀，地球才会生机勃勃。植物生长、动物繁衍都离不开阳光。阳光对小朋友来说更重要，因为小朋友正在成长，皮肤能在阳光的照射下产生大量的维生素 D，促进骨骼生长。

图 2-45　太阳光

太阳光是太阳"燃烧"自己发出的光，这些光穿越太空到达地球，经地球的大气层过滤后到达地面。

　　太阳光既包括可见光，又包括不可见光，太阳光的组成如图 2-46 所示。

太阳光

光					波				
不可视线（眼睛无法看见）				可视光线（眼睛可以看见）	不可视线（眼睛无法看见）				
宇宙射线	γ射线	X射线	紫外线		红外线	微波	长波（无线电波）		超长波（电力周波）

单位：微米　　　10⁻⁵　　0.2　　0.4　　　　　　0.75　　1000 1.5×10⁵　　　　10⁹

图 2-46　太阳光的组成

（图片来源：http://www.horcom-biotech.com/）

　　可见光是指人类眼睛可以看到的光。人类肉眼看到的太阳光通常是白色的，但事实真的如此吗？著名的棱镜实验揭晓了答案，如图 2-47 所示。经过三棱镜的色散，我们发现太阳的可见光中包含红、橙、黄、绿、青、蓝、紫七色。雨后的彩虹也是因为这个原理才那么绚丽多彩的。

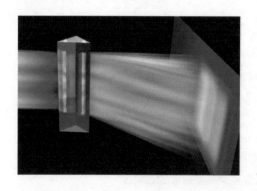

图 2- 47　棱镜实验

（图片来源：http://www.cxlib.org.cn/）

　　不可见光是指人类的眼睛不能直接看到的光，如宇宙射线、γ 射线、X 射线、紫外线、红外线、微波、长波、超长波等。人们相隔很远，为什么能够通过手机通话呢？为什么能够收听远方的电台广播呢？为什么能无线遥控机器人呢？这些都是不可见光的功劳。当然，不可见光还有很多用处，大家可以自己查阅资料。

3. 红外线

红外线又称红外光、红外热辐射，是太阳光中众多不可见光的一种，太阳的热量主要通过红外线传到地球。如图 2-48 所示，红外线分为近红外线、中红外线、远红外线。

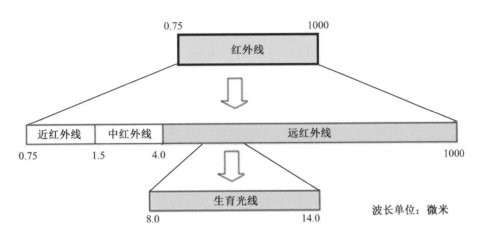

图 2-48　红外线

红外线可以作为机器人遥控系统的传输媒介。

遥控系统由遥控器和机器上的接收器共同构成，如图 2-49 所示，这是一种用来远程控制机器的装置。遥控器是发射部分，发出电磁波，接收器接收电磁波。它们相互配合，让我们不用走近就可以转换电视频道、控制机器人等，让我们的工作和生活变得更加方便、舒适。

图 2-49　遥控系统

（图片来源：http://www.nipic.com/）

2.4 信息科学

2.4.1 计算机演义——计算机的起源与发展

机器人的"大脑"是电子计算机。它是怎么来的呢？本节我们就来了解一下计算机的起源和发展。

1. 计算机的起源

计算机虽然是现代科技的产物，但作为计算用的工具，古已有之。从人类出现开始，人们就不可避免地要与数据计算打交道。在人类社会发展的过程中，如图 2-50 所示，从结绳计数到算盘，从机械计算机到电子计算机，人们一直都在探索提高计算速度的方法。

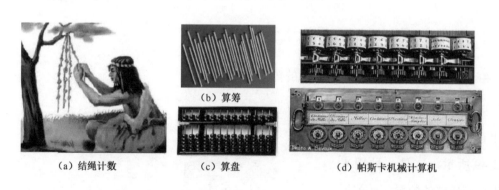

（a）结绳计数　　　　（b）算筹　　　　（c）算盘　　　　（d）帕斯卡机械计算机

图 2-50　电子计算机出现以前的计算工具

［图片来源：（a）http://www.zzstep.com；（b）http://blog.sciencenet.cn/blog-336909-1012483.html；

（c）http://www.todayonhistory.com/1/14/d0257.htm；（d）http://www.boiledbeans.net］

第二次世界大战（1939—1945 年）期间，美国为了提高火炮射击特性表的计算速度，启动了计算机的研制。宾夕法尼亚大学经过多年探索和实践，在 1946 年成功研制出世界上第一台多用途电子数字积分计算机——"埃尼阿克"（Electronic Numerical Integrator And Calculator，ENIAC），如图 2-51 所示。

（a）埃尼阿克部分面板展示　　　（b）埃尼阿克工作情况

图 2-51　埃尼阿克

［图片来源：（a）https://en.wikipedia.org/wiki/ENIAC#/media/File:ENIAC_Penn1.jpg；

（b）http://amuseum.cdstm.cn/AMuseum/ic/index_02_01_04.html］

埃尼阿克绝对是个大家伙，它有 17 468 个真空电子管，占地约 170 平方米，重约 30 吨，每小时耗电量为 150 千瓦时，即每小时用 150 度电。要知道，今天的笔记本电脑平均每小时用电量约为 0.07 度。这个庞然大物采用我们常用的十进制数进行计算，除基本的加减乘除运算外，还能够进行平方、立方、正弦、余弦及其他一些更复杂的运算。原本需要一个人 20 小时完成的弹道轨迹计算任务，埃尼阿克只用 30 秒即可完成[13]！

埃尼阿克的诞生，是计算机发展史上的一座里程碑，标志着电子计算机时代的到来。

图 2-52　冯·诺依曼

（图片来源：http://www.baike.com/wiki）

在埃尼阿克研制期间，一位"大牛人"加入了研制小组，他就是美籍匈牙利数学家冯·诺依曼（John von Neumann，1903—1957 年）。诺依曼（见图 2-52）在埃尼阿克的基础上发表了一个全新的"存储程序通用电子计算机方案"——离散变量自动电子计算机（Electronic Discrete Variable Automatic Computer，EDVAC）。

这是一个划时代的计算机设计方案，该方案明确提出计算机由 5 部分组成：运算器、控制器、存储器、输入设备和输出设备。同时，该方案中提出了计算机的两大设计思想：存储程序和二进制。存储程序指计算机应能够存储程序并由程序控制自动运算，这是高效率的基础。二进制指计算机内部应由二进制实现全部运算，而不是常用的十进制，这样将大大简化计算机的逻辑线路。

时至今日，许多计算机依然遵循这样的结构和设计思想，因此称它们为"冯·诺依曼机"。

2. 计算机的发展

从 1946 年埃尼阿克研制成功至今已有 70 多年，计算机硬件的发展经历了四代。

1）第一代——电子管计算机（1946—1956 年）

这一时期计算机电路的主要元件是电子管，如图 2-53（a）所示。这一时期计算机的特点是体积巨大、耗电量大、运算速度慢、存储容量小、价格昂贵，但正是这些笨重的家伙开辟了计算机发展之路，使人类社会生活发生了轰轰烈烈的变化。1952 年，国际商用机器公司（IBM 公司）生产了第一台商用计算机——IBM701，如图 2-53（b）所示。它使用了 4 000 个电子管，运算速度为每秒 20 000 次，存储容量为 2 048 个 36 位字，主要用于科学计算。

2）第二代——晶体管计算机（1956—1964 年）

这一时期计算机的主要电子元件是晶体管，如图 2-54（a）所示。相对于电子管计算机，晶体管计算机的普遍特点是体积较小、耗电较少、运算速度较高，达到每秒几万次至几十万次，不仅用于科学计算，还用于数据处理和事务管理，并逐渐用于工业控制领域。世界上第一台全部使用晶体管的计算机是美国无线电公司（Radio Corporation of America，RCA）制成的 RCA501，如图 2-54（b）所示。

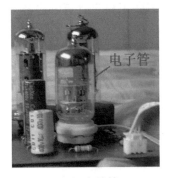

（a）电子管

（b）IBM公司的电子管计算机IBM701

图 2-53　电子管与电子管计算机

［图片来源：（a）https://baike.baidu.com/pic/ 电子管；

（b）http://www.computerhistory.org/collections/catalog/102641435］

（a）晶体管

（b）第一台全部使用晶体管的计算机RCA501

图 2-54　晶体管与晶体管计算机

［图片来源：（a）http://tupian.baike.com/a4_01_71_20300000241358132437710497071_jpg.html；

（b）https://www.root.cz/clanky/prichod-hackeru-rca-marconiho-edisonuv-trpaslik/］

3）第三代——中、小规模集成电路计算机（1964—1970 年）

集成电路是把许多电子元件（如晶体管、电阻、电容和电感等）集中在一个芯片上的电路，如图 2-55（a）所示。对于中、小规模集成电路，每片上集成了几百个到几千个电子元件。这一时期的计算机体积减小，耗电量及价格进一步降低，而速度则有更大的提高，运算速度可达每秒几十万次到几百万次，应用领域进一步拓展到文字处理、企业管理、自动控制、城市交通管理等方面。1964 年，IBM 公司研制出世界上第一台采用集成电路的通用计算机 IBM-360，如图 2-55（b）所示，它兼顾了科学计算和事务处理两方面的应用。

（a）中、小规模集成电路　　　　　　（b）IBM-360工作情况

图 2-55　中、小规模集成电路与中、小规模集成电路计算机

［图片来源：（a）http://i0.qhimg.com/t012bb86bc20d438289.jpg；

（b）http://blog.coyoteproductions.co.uk/wp-content/uploads/2014/04/ibm_360-50.jpg］

4）第四代——超大、极大规模集成电路计算机（1970 年至今）

超大规模集成电路是指在一块芯片上集成十万个以上电子元件的电路。第四代计算机以超大规模集成电路为主要部件，性能大幅提高，运算速度可达每秒百万次至上亿次，并诞生了微处理器［见图 2-56（a）］和微型计算机，广泛应用于社会生活的各个领域。我们今天使用的笔记本电脑［见图 2-56（b）］、平板电脑等都属于这一代计算机。

（a）Intel 酷睿i5微处理器　　　　　　（b）笔记本电脑

图 2-56　极大规模集成电路与笔记本电脑

［图片来源：（a）http://image20.it168.com/201005_0x0/9/23eab19dbf37b94c.jpg；

（b）http://www.niubs.com/public/images/d7/33/ce/6b026a9c4b733d1ee1c8dabf12b229c9e06488ce.jpg］

3. 现代计算机系统的两大分支

计算机系统包括硬件和软件两部分。硬件构成计算机的"身体"，软件构成计算机的"灵魂"。

50 年来，伴随着微处理器和微型计算机技术的飞速发展，计算机系统逐渐形成了两大分支——通用计算机系统与嵌入式计算机系统。

通用计算机系统是指具有较强通用性的计算机系统，它能够实现高速、海量的数值计算和信息处理。例如，我们日常使用的台式计算机、笔记本电脑等都属于通用计算机系统，如图 2-57（a）所示。

嵌入式计算机系统是一种完全嵌入受控器件内部，为特定应用而设计的专用计算机系统，如图 2-57（b）所示，包括嵌入式计算机硬件和嵌入式软件。它的主要功能是实现各种设备的智能化控制，在各行各业的智能设备中都有它的身影。许多机器人的"大脑"也是嵌入式计算机系统。

（a）通用计算机系统 　　　　　　　　　（b）嵌入式计算机系统

图 2-57　现代计算机系统的两大分支

［图片来源：（a）http://img12.3lian.com/gaoqing02/02/45/30.jpg, http://www.niubs.com/
public/images/d7/33/ce/6b026a9c4b733d1ee1c8dabf12b229c9e06488ce.jpg；
（b）https://www.raspberrypi.org/app/uploads/2014/07/rsz_b-.jpg］

2.4.2 人工智能演义——人工智能概述

机器人是人工智能的众多载体之一。在工业时代，机器人通过固定的指令来替代人完成工业作业，到了人工智能时代，机器人就像被赋予了一个"大脑"的"人"一样，能够独立进行思考和学习来完成作业，所以机器人可以说是人工智能的表现形式之一。

1. 人工智能的概念

人工智能（Artificial Intelligence，AI）是研究、开发用于模拟、延伸和扩展人的智能的理论、方法、技术及应用系统的一门新技术科学。人工智能是计算机科学的一个分支，其目的是了解智能的实质，并生产出一种新的能以人类智能相似的方式做出反应的智能机器。

目前，人工智能的主要研究领域如下：

会看：图像识别、文字识别……

会听：语音识别、机器翻译……

会说：语音合成、人机对话……

会行动：机器人、自动驾驶汽车……

会思考：人机对弈、医疗诊断……

会学习：机器学习、知识表示……

2. 人工智能的萌芽——机器能思考吗

艾伦·麦席森·图灵（Alan Mathison Turing，1912—1954 年）是英国著名的数学家、密码学家、计算机科学家（见图 2-58）。第二次世界大战期间，他曾协助英国军方破解了德国的密码系统，帮助盟军取得了胜利。

1950 年 10 月，图灵在他那篇名垂青史的论文《计算机械与智力》的开篇写道："我建议大家考虑这个问题：'机器能思考吗？'"并提出了一种用于判定机器是否能够冒充人类进行思考（人类是会思考的）的方法，即图灵测试。

　　图灵测试如图 2-59 所示，其中包括计算机、被测试的人和提问者。计算机和被测试的人分别在两个不同的房间里。测试过程中由提问者发问，由计算机和被测试的人分别做出回答。如果计算机在 5 分钟的文字对话中能回答由提问者提出的一系列问题，且其超过 30% 的回答让提问者误认为是人类所答，则表示计算机通过了图灵测试，被认为具有智能。

图 2-58　艾伦·麦席森·图灵

（图片来源：https://tupian.hudong.com）

图 2-59　图灵测试

3. 人工智能的起源——一次伟大的会议

　　1956 年一个阳光明媚的夏日，约翰·麦卡锡［John McCarthy，1927—2011 年，见图 2-60（a）］与马文·明斯基等人在美国达特茅斯学院［见图 2-60（b）］开会研讨"如何用机器模拟人的智能"，会上提出"人工智能"这一概念，标志着人工智能学科的诞生。

4. 人工智能的发展

　　在六十多年的发展过程中，人工智能大致经历了 3 个发展阶段。

1）AI 的第一次浪潮和寒冬（1956—1980 年）

　　1956 年达特茅斯会议之后的十几年是人工智能发展的黄金年代。在这段时间内，计算机被用来解决代数应用题、证明几何定理、学习和使用英语。人们乐观地认为，按照这样的发展速度，人工智能真的可以代替人类。

　　（a）约翰·麦卡锡　　　　　　　　　　（b）美国达特茅斯学院

图 2-60　约翰·麦卡锡与美国达特茅斯学院

　　人工智能的第一个寒冬发生在 1973—1980 年，由于计算机性能遭遇瓶颈、计算复杂性快速增长、数据量缺失等问题，人们发现定理证明发展乏力，英语翻译错误百出，一些在今天看来很容易的问题（如机器视觉等）在当时看上去好像完全找不到答案。人工智能的发展遭遇了 6 年左右的低谷期。

　　2）AI 的第二次发展和低谷（1981—1993 年）

　　1981 年，日本、英国、美国开始向人工智能和信息技术领域的研究提供大量资金，标志着人工智能迎来了第二次大发展。

　　在这个阶段，医疗专家系统、化学专家系统、地质专家系统等各种专家系统遍地开花，人工智能转向实用。

　　可是好景不长，持续了 7 年左右的人工智能繁荣很快就接近尾声。由于多项研究发展缓慢，人们对专家系统从狂热追捧一步步走向失望，人工智能研究再次进入寒冬。

　　3）AI 的第三次发展（1994 年至今）

　　在这个阶段，人工智能取得了一些里程碑式的成果。例如，如图 2-61 所示，1997 年，IBM 的深蓝战胜国际象棋世界冠军卡斯帕罗夫；2011 年，IBM 的 Watson 在知识竞赛中战胜人类冠军；2017 年，AlphaGo 以 3：0 战胜围棋世界冠军柯洁。

图 2-61　人工智能的成果

进入 21 世纪以来，人工智能在深度学习、大数据和计算能力三大发展力量的碰撞下重获新生，取得了信息检索、语音识别、图像分类、生物特征识别、自然语言理解、机器翻译、可穿戴设备、无人驾驶汽车等方面的突破性进展，人工智能呈现新一轮爆发之势。数据智能成为这次人工智能浪潮最重要的技术特征。

不过，目前人工智能还有许多不足，虽然实现某些特定功能的专用人工智能硕果累累，但"一脑万用"的通用人工智能研究和应用仍然任重而道远。

2.4.3　通信技术演义——通信与移动通信

1. 通信的发展历程

通信是指通过某种媒质进行的信息传递。从人类出现开始，通信就已经存在了。

远古时代，人与人之间的语言、肢体交流就是最早的通信。后来发展出飞鸽传书、烽火传信、利用驿（yì）站的邮驿系统、旗语等古代通信手段，图 2-62 展示了一些古代通信方式。

现代通信发展历史大致可以分为两个阶段——电通信阶段和电子信息通信阶段。

第一阶段是电通信阶段，即利用电信号进行信息传递，如电报通信、电话通信等。1835 年莫尔斯发明了电报机，并于 1837 年设计了莫尔斯电报码，这标志着电报通信时代的来临。1876 年贝尔发明了电话，这使得利用电磁波不仅可以传输文字，还可以传输语音，大大加快了通信进程，如图 2-63 所示。

（a）明长城烽火台

（b）苏州横塘驿站

图 2-62　古代通信方式

［图片来源：（a）http://itbbs.pconline.com.cn/；（b）http://changhuaxie.blog.163.com/］

图 2-63　贝尔试用电话

（图片来源：http://www.ezphone.cn/）

　　第二阶段是电子信息通信阶段，即通过程序控制数字信息传递。1965 年，美国贝尔公司生产了世界上第一台商用"存储程序控制的电子交换机"，简称程控交换机，标志着电话交换机由机电时代迈入了电子时代。1970 年，法国开通了世界上第一个程控数字交换系统 E10，这标志着交换技术从传统的模拟交换时代进入了数字交换时代。

2. 移动通信的发展历程

移动通信主要是指现在的手机通信，从 1980 年至今已经发展了五代，可谓发展迅猛。

第一代移动通信系统（1G）是 20 世纪 80 年代初提出的。使用 1G 系统的手机长得像个砖头，俗称"大哥大"，如图 2-64 所示，其特点是速度慢、业务量小、质量差、安全性差。不过在那个时代，手机是绝对的奢侈品。

第二代移动通信系统（2G）起源于 20 世纪 90 年代初期。目的在于扩展和改进第一代系统的业务和性能。2G 时代的手机如图 2-65 所示。尽管 2G 技术在

图 2-64　1G 时代的手机

（图片来源：http://www.ce.cn/）

发展中得到不断完善，但随着使用手机的人越来越多，人们对手机功能的要求也越来越高。第二代系统无法在真正意义上满足移动多媒体业务的需求。

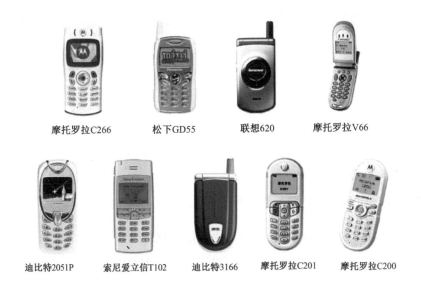

摩托罗拉C266　　松下GD55　　联想620　　摩托罗拉V66

迪比特2051P　　索尼爱立信T102　　迪比特3166　　摩托罗拉C201　　摩托罗拉C200

图 2-65　2G 时代的手机

（图片来源：http://it.sohu.com/）

第三代移动通信系统（3G）的通信标准有 3 种：WCDMA、CDMA2000 和 TD-SCDMA。3G 时代的手机长得跟今天的手机差不多，如图 2-66 所示。1G 和 2G 时代的手机只能打电话、发短信。到了 3G 时代，手机功能更加丰富，除了可以打电话、发短信，还可以看图片、听歌、上网等，只不过速度比较慢。

第四代移动通信系统简称 4G，我们今天使用的手机大多是 4G 手机，如图 2-67 所示，4G 手机上网速度非常快，能够满足几乎所有用户对于无线服务的要求。

图 2-66　3G 时代的手机

（图片来源：http://product.yesky.com）

图 2-67　4G 手机

（图片来源：http://buy.ccb.com）

第五代移动通信系统简称 5G，是最新一代的移动通信技术。5G 比 4G 快很多，下载一部高清（HD）电影只需 10 秒左右。同时，5G 技术不仅可以应用于手机通信，而且可以应用于智能家居、无人驾驶汽车等多种场景，真正实现万物互联。

2019 年 6 月 6 日，中华人民共和国工业和信息化部正式向中国电信、中国移动、中国联通、中国广电发放 5G 商用牌照，中国进入 5G 商用元年。图 2-68 为 5G 手机。

图 2-68　5G 手机

（图片来源：https://consumer.huawei.com/cn/）

2.5　数学

2.5.1　哪个六棱柱好——认识长度

在教育机器人的机械结构中有多种六棱柱，它们有长有短，用于连接、支撑机器人身上的其他零件，如图 2-69 所示。

什么是长、短呢？长、短是描述长度的形容词，长度是指两点之间的距离。长度的测量是最基本的测量，最常用的工具是刻度尺。

长度的国际单位是米（m），常用的单位有千米（km）、分米（dm）、厘米（cm）、毫米（mm）、微米（μm）、纳米（nm）等。

长度的单位有很多，它们之间有什么关系呢？

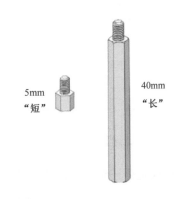

图 2-69　六棱柱

（图片来源：http://www.learnhive.net/）

1. 比"米"小的单位换算

1 米（m）=10 分米（dm）

1 米（m）=100 厘米（cm）

1 米（m）=1000 毫米（mm）

1 米（m）=1000000 微米（μm）

1 米（m）=1000000000 纳米（nm）

1 米（m）=1000000000000 皮米（pm）

一根头发的粗细（直径）为 60 ～ 90 微米（μm）。

2. 比"米"大的单位换算

1 千米（km）=1000 米（m）

1 兆米（Mm）=1000000 米（m）

1 光年（Ly）= 9460730472580800 米（m）≈ 9.46×10^{15} 米（m）

在教育机器人中，最长的六棱柱有 40 毫米（mm），像小手指那么长；而最短的六棱柱只有 5 毫米（mm），比小手指的指甲盖还短。

2.5.2 谁的机器人最快——认识速度

激烈的赛车机器人比赛开始了，只见各位选手的赛车风驰电掣（chè），速度都非常快，那什么是速度呢？

速度是描述物体运动快慢的物理量，跟长度和时间有关系，是长度和时间之比。速度的大小称为"速率"。如图 2-70 所示，两个运动员你追我赶，速度多快啊！

图 2-70 速度

（图片来源：http://www.sohu.com/）

在国际单位制中，速度的基本单位是米/秒，符号是 m/s。常用单位为千米/小时，符号是 km/h。

单位换算：1 m/s=3.6 km/h。

1. 步行的速度

一个成年人步行的速度约为 1 米/秒（见图 2-71）。

读作：一米每秒（或每秒一米）。

表示：人可以 1 秒钟走 1 米。

记作：v=1m/s。

2. 自行车的速度

自行车的行驶速度约为 5 米/秒（见图 2-72）。

读作：五米每秒（或每秒五米）。

图 2-71 成年人步行

（图片来源：http://www.redocn.com/）

表示：自行车可以 1 秒钟走 5 米。

记作：$v=5m/s$。

3. 汽车的速度

汽车的行驶速度大约为 100 千米 / 小时（见图 2-73）。

读作：100 千米每小时（或每小时 100 千米）。

表示：汽车可以 1 小时走 100 千米。

记作：$v=100km/h≈28m/s$。

图 2-72　骑自行车

（图片来源：http://news.163.com/）

图 2-73　开汽车

（图片来源：http://news.sina.com.cn/）

4. 火车的速度

普通火车的行驶速度一般为 120 千米 / 小时。

2007 年 4 月 18 日，我国国产高速动车组"和谐号"正式运行，其速度达到 200 千米 / 小时。

2017 年 9 月，我国完全自主研发的高铁列车"复兴号"首次在京沪两地实现 350 千米 / 小时速度运营，如图 2-74 所示。

图 2-74　"复兴号"高铁

（图片来源：http://news.hexun.com/）

5. 声音的速度

声音的速度（见图 2-75）称为音速或声速，通常指声音在空气中传播的速度。

空气中的音速在 1 个标准大气压和 15℃的条件下约为 340 米 / 秒。

音速又称马赫，1 马赫＝ 1 倍音速＝ 342 米 / 秒。

想一想：女孩听到枪声
才开始计时准吗？

图 2-75　声音的速度

（图片来源：http://news.163.com/）

6. 飞机的速度

如图 2-76 所示，飞机的速度约为 0.85 马赫，即 291 米 / 秒。

图 2-76 飞机的速度

（图片来源：http://life.fdc.com.cn/）

现在已经有超音速飞机了。

7. 脱离速度（逃逸速度）

火箭离开地球的速度称为脱离速度或逃逸速度（见图 2-77）。

脱离速度 = 11.2 千米 / 秒 =11200 米 / 秒。

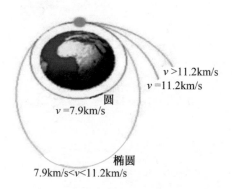

图 2-77 脱离速度

（图片来源：https://baike.so.com/）

8. 最快的速度——光速

光速就是光在真空中传播的速度（见图 2-78），是已知最快的速度，光速为 299792458 米 / 秒。

图 2-78　光速

爱因斯坦提出，没有任何物体的速度能超越光速。超过光速，时间会倒流。

2.5.3　"鼹鼠游戏"机器人中的不一定——随机与概率

"鼹鼠游戏"机器人很好玩，它的 LED 灯会随机亮起，我们可以按下对应的按钮来灭灯。那什么是随机呢？

随机数是指不确定的数值，即后面的数与前面的数毫无关系。在现实生活中随机数的应用很广。例如，投掷一次骰子得到的点数就是随机的，如图 2-79 所示。

真正的随机数是利用物理现象产生的，如利用电子元件的噪声、核裂变等。这样的随机数其实很难获得。

在实际应用中，往往使用"伪随机数"就足够了。

图 2-79　掷骰子

伪随机数看起来像前后没有关系的随机数，实际上是通过一个固定的、可以重复的计算方法得到的。它们不是真正的随机数，因为它们实际上是可以计算出来的，但是它们具有类似于随机数的统计特征。

在真正关键性的应用中，如在密码学中，人们一般使用真正的随机数。

刚刚说到，在投掷骰子的时候得到的点数是随机的，那么每种点数出现的概率是多少呢？

概率，又称或然率、可能性，是表示一个事件发生的可能性大小的数。概率是一个 0 与 1 之间的实数，是对随机事件发生的可能性的度量。例如，昨天的天气预报说"明天的降水概率为 0，后天的降水概率为 1"，表示今天不会下雨，明天一定会下雨。

2.6　工程与技术

2.6.1　机器人制作的最重要秘密——想象力比知识更重要

在机器人制作过程中，我们一直都在学习各种知识，这当然是好的，不过要告诉大家一个重要的秘密——想象力比知识更重要。这是爱因斯坦对问题"你是否更相信你的想象力胜过你的知识"的回答，他的原话是"想象力比知识更重要，知识是有限的，而想象力可囊括世界"。

阿尔伯特·爱因斯坦（1879—1955 年）是犹太裔物理学家。1905 年，爱因斯坦提出光子假设，成功解释了光电效应，并因此获得了 1921 年诺贝尔物理学奖。他于 1905 年创立了狭义相对论，1915 年创立了广义相对论。爱因斯坦被公认为是继伽利略、牛顿之后最伟大的物理学家。1999 年，爱因斯坦被美国《时代周刊》评选为"世纪伟人"。图 2-80 是爱因斯坦的照片。

图 2-80　阿尔伯特·爱因斯坦

2.6.2　近现代科学与技术革命

机器人是人工智能的载体之一，是科学与技术发展的产物。在人类历史长河中，曾发生过多次科学和技术变革。但古代的科学与技术尚处在萌芽状态，比较原始和零散，还未形成完备的理论体系。到了近代，科学和技术才真正有了系统而全面的发展。

1. 科学与技术的关系

科学和技术有什么关系呢？

科学主要表现为新知识的产生，揭示自然的本质和内在规律，目的在于认识自然。例如，哥白尼的"日心说"代替古代的"地心说"，达尔文的"进化论"代替过去的"上帝造人说"等，这些都是科学。

技术的核心在于利用知识发明有用的工具，新技术的产生往往导致人们生产和生活方式的改变。

科学为技术发展提供了理论基础，技术为科学发展提供了方法和手段，二者相互作用，相互促进。

著名的物理学家、诺贝尔物理学奖获得者李政道先生曾经说过"没有科学之水，就难以养活应用（技术）之鱼"，形象地把科学和技术的关系比喻成鱼和水的关系，如图 2-81 所示。

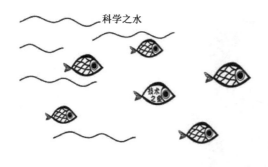

科学之水

图 2-81　科学之水与技术之鱼

2. 科学与技术革命

自近代科学诞生以来，曾交叉发生过几次科学革命和技术革命，对世界现代化的进程产生了深远和根本性的影响。让我们穿越回去，了解一下人类社会科学和技术的伟大成果。

1）科学革命

第一次科学革命发生于 16 ～ 17 世纪，以哥白尼的"日心说"和牛顿力学为代表，如图 2-82 所示。这一时期，初步形成了一种新兴科学体系，与早期神学和经验哲学的科学体系完全不同，标志着以实验为基础的近代科学的诞生。

（a）哥白尼

（b）牛顿

图 2-82　哥白尼与牛顿

19 世纪末 20 世纪初，原子能技术、航天技术、电子计算机的突破，揭示了微观粒子、宏观宇宙及生命的本质。特别是现代科学两大支柱——相对论和量子力学的诞生，标志着科学发展进入了现代时期。

相对论是关于时空和引力的基本理论，主要由阿尔伯特·爱因斯坦创立，依据研究对象的不同分为狭义相对论和广义相对论。

　　量子力学是描述微观粒子运动规律的理论，由一批天才科学家创立。1926 年，科学家海森堡和玻尔以"量子力学"为题宣告了新量子理论的诞生。1927 年，第五届索尔维会议在比利时布鲁塞尔召开，这次盛会云集了当时所有伟大的科学家，如图 2-83 所示。这次会议上爱因斯坦与玻尔两人关于量子的辩论，对于量子力学的发展来说具有开创性的意义。

图 2-83　第五次索尔维会议中的科学家

（图片来源：http://www.sohu.com/）

　　2016 年 8 月 16 日北京时间凌晨 1 点 40 分，由中国科学院国家空间科学中心负责的全球首颗量子卫星"墨子号"在中国酒泉卫星发射中心成功发射，如图 2-84 所示。这标志着我国的量子科学研究已经走在了世界前列。

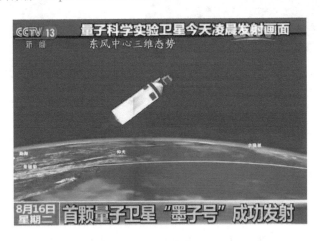

图 2-84　"墨子号"发射成功

2）技术革命

第一次技术革命是从 18 世纪 60 年代的英国开始的，一个叫瓦特（Watt，1736—1819
年）的发明家 [图 2-85（a）] 改良了蒸汽机，使得这种利用蒸汽驱动机器工作的设备可以
代替人的手工劳动。

蒸汽机在运输、采矿、冶炼、纺织等行业广泛应用，利用蒸汽机原理制造的蒸汽轮
船、蒸汽火车相继问世，如图 2-85（b）、图 2-85（c）所示。

蒸汽机的广泛应用使英国迅速成为世界上第一个工业化国家，一些西方国家也紧随其
后成为工业化国家。

（b）蒸汽轮船

（a）瓦特

（c）蒸汽火车

图 2-85　瓦特和他改良的蒸汽机应用

[图片来源：（a）http://www.pai-hang-bang.com/；（b）http://www.ikexue.org/；（3）http://xltkwj.com/]

第二次技术革命以电力和内燃机的发明为标志，将工业社会带入了电气化时代。

这一时期涌现出一大批伟大的发明家、企业家，如图 2-86 所示。例如，美国的爱迪

生（Thomas Alva Edison，1847—1931 年）是举世闻名的发明家和企业家，被誉为"世界发明大王"。他发明了留声机、电灯等，并创建了爱迪生通用电气公司（美国通用电气公司的前身）。德国的西门子（Ernst Werner von Siemens，1816—1892 年）也是世界著名的发明家，他铺设、改进了海底、地底电缆及电线，修建了电气化铁路，革新了炼钢工艺，创办了鼎鼎大名的西门子公司。贝尔（Alexander Graham Bell，1847—1922 年）是一位加拿大籍的发明家和企业家，他获得了世界上第一台可用电话的专利权，创建了贝尔电话公司［美国电话电报公司（AT&T）的前身］。

这些发明家、企业家的出现，促进了以电力为主导的技术产业的兴起，社会生产力出现了质的飞跃。

（a）托马斯·阿尔瓦·爱迪生　　（b）维尔纳·冯·西门子　　（c）亚历山大·格拉汉姆·贝尔

图 2-86　第二次技术革命中的发明家

［图片来源：（a）mt.sohu.com；（b）https://baike.baidu.com/；（c）https://zh.wikipedia.org/］

第三次技术革命始于 20 世纪后半期，主要标志是信息技术的发展，以及核能技术、航天技术、新材料技术和生物技术等的重大突破。尤其是半导体技术的突破，带动了电子、计算机及软件业的发展，涌现出一大批信息产业的龙头企业。例如，经营半导体、电子产品的德州仪器公司，生产中央处理器（CPU）的英特尔公司，出品计算机和手机的苹果公司，销售超级计算机、服务器的 IBM 公司，研发软件的微软公司等，如图 2-87 所示。

趣说机器人：中小学机器人科普读本

图 2-87　第三次技术革命中产生的一些龙头企业

88

第3章

机器人的身体——硬件组成及原理

每个人都由身体和思维构成，机器人之所以被称为"人"，是因为它也是由身体和思维构成的。

机器人的身体是由各种零件组成的，这些零件属于机器人的硬件。机器人的思维是其存储的程序。所以，制作一个机器人的完整过程分为硬件搭建和程序设计两部分。本章主要介绍机器人的硬件组成，程序设计将在第 4 章介绍。

由于机器人的种类和品牌不同，机器人的硬件结构也千差万别、各不相同。但是，万变不离其宗，机器人的基本结构都是相似的。

下面以某青少年教育机器人（以下简称"教育机器人"）为例，说明机器人的硬件组成。如图 3-1 所示是战斗机器人——格林机关枪。

图 3-1 战斗机器人——格林机关枪

图 3-2 展示了教育机器人的部分硬件设备，由此可知，教育机器人的硬件种类非常丰富，而且伴随着大家学习进程的不断深入，机器人所拥有的硬件品种和数量会越来越多。

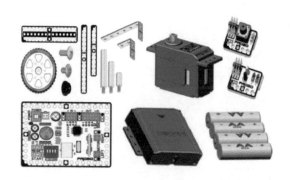

图 3-2　教育机器人部分硬件设备

这么多硬件，不认识怎么办？不用着急，其实很简单，硬件分为两部分——机械部分和电器部分。

机械部分相当于机器人的骨骼和肌肉，它们构成了机器人的钢筋铁骨。

电器部分相当于机器人的各种功能器官。例如，CPU 板相当于机器人的大脑，电源相当于机器人的心脏，传感器相当于机器人的感觉器官，电机构成机器人的运动器官等。

这些硬件就像一个个"小精灵"，它们各司其职，组合在一起，可以构成样式不同、功能各异的机器人。

那么，具体有哪些硬件设备呢？下面一一介绍。

3.1 　钢筋铁骨的机械部分

机械部分相当于机器人的肌肉和骨骼，用以组成机器人的身体部件，如操作臂、行走机构等。教育机器人提供了丰富的孔板、六棱柱、连接件等，可组成形态各异的机器人。

3.1.1　搭建身体框架的孔板

孔板相当于机器人的骨骼，通常用来搭建机器人的身体框架，每个机器人都离不开它们。孔板的种类也是相当丰富的，如图 3-3 所示。

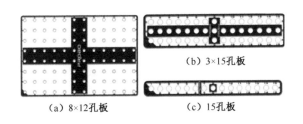

(a) 8×12孔板　　　　　　　(b) 3×15孔板

(c) 15孔板

图 3-3　不同类型的孔板

不同类型的孔板都有名字。例如，图 3-3（a）所示的孔板叫作"8×12孔板"；图 3-3（b）所示的孔板叫作"3×15 孔板"；图 3-3（c）所示的孔板叫作"1×15 孔板"，简称"15孔板"。原来，它们是按照孔板上的孔洞排列命名的。首先，仔细观察图 3-3，你会发现每个孔板的左下角位置都涂有"▲"标志，这叫作"基准角"，它表示孔板的正面、左起始位置。其次，根据基准角的位置，将孔板的横向定为行，竖向定为列。最后，依靠孔洞的"行数 × 列数"来命名孔板。有意思的是，孔洞的行数其实是每列的孔洞个数，而列数是每行的孔洞个数。

孔板为什么要有这么多孔呢？原来，孔洞可以用来拼接其他部件。孔洞多了，就可以方便灵活地在不同位置进行拼接，这样可以充分发挥大家的创造力，搭建各种形态的机器人。

孔板上的各个孔也有名字。仔细观察图 3-4 所示的 8×12 孔板，你会发现它的外缘印着英文字母和数字。以"基准角"为起始位置，英文字母 A ～ H 表示孔洞的行号，数字 1 ～ 12 表示孔洞的列号。这样，每个孔洞都可以用"行号 + 列号"的方式命名。例如，基准角位置的孔洞是第 A 行第 1 列，那就是"A1"孔洞；第 C 行和第 5 列相交位置的孔洞就是"C5"孔洞。其他孔板也使用类似的命名规则。

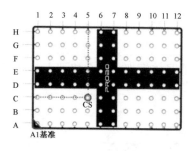

图 3-4　8×12 孔板

随着大家学习进程的不断深入，孔板的种类也会越来越丰富。除图 3-3 中的 3 种孔板外，还有 5 孔板、7 孔板、9 孔板、11 孔板、3×23 孔板等。利用种类丰富的孔板可以创造出各种各样的机器人架构。

3.1.2　撑起其他部件的六棱柱

如图 3-5 所示，六棱柱主要起到支撑其他部件的作用，由柱头、柱身和柱尾组成。

柱头部分有螺纹，可以用螺母等零件来固定。

柱身为六棱形。各种类型的六棱柱就是以柱身长度命名的。例如，图 3-5 中从左至右分别是 30 毫米六棱柱、20 毫米六棱柱和 10 毫米六棱柱，它们的柱身长度分别是 30 毫米、20 毫米和 10 毫米。

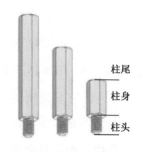

图 3-5　六棱柱及其结构

六棱柱的柱尾有螺纹孔，通常用短螺钉固定。

在机器人中，六棱柱的种类也很丰富，有 5 毫米、10 毫米、20 毫米、30 毫米、40 毫米、50 毫米之分。

3.1.3　把各部件连接起来的连接件

连接件用于将其他部件连接在一起。教育机器人中的连接件主要有两种类型、四个型号。两种类型是 L 型和 V 型连接件。四个型号是 L 型 2×2 连接件、L 型 2×3 螺纹连接件、L 型 2×6 连接件、V 型 2×2 螺纹连接件。

L 型连接件使两个机器人部件呈直角连接（垂直连接）。如图 3-6（a）所示，目前 L 型连接件有三个型号，从上往下分别是 2×2、2×3 和 2×6 连接件。其中，2×3 连接件的每个孔洞里都有螺纹，而 2×2 和 2×6 连接件是没有螺纹的。

V 型连接件使两个机器人部件呈钝角连接。如图 3-6（b）所示，目前主要使用的 V 型连接件是 V 型 2×2 螺纹连接件，它的孔洞里是有螺纹的。

在上述连接件中，L 型 2×2 连接件和 L 型 2×6 连接件没有螺纹，而 L 型 2×3 螺纹连接件和 V 型 2×2 螺纹连接件有螺纹。那么，有螺纹和没有螺纹的连接件在安装时有什么不一样呢？

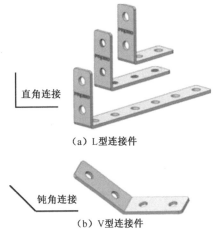

（a）L型连接件

（b）V型连接件

图 3-6　各类型连接件

当使用孔洞里没有螺纹的连接件时，需要同时使用螺钉和螺母固定连接件两边；当使用孔洞里有螺纹的连接件时，只需要螺钉就可以固定零件了，如图 3-7 所示。

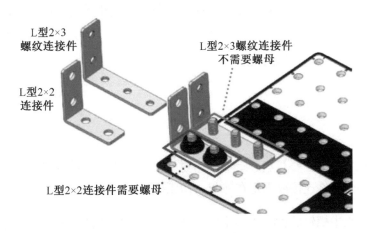

图 3-7　L 型 2×2 连接件与 L 型 2×3 螺纹连接件的比较

3.1.4 用处多多的轮子

人类依靠腿和脚行走。机器人也需要行走，轮子就是机器人主要的行走机构之一。

教育机器人的轮子由两部分组成——轮毂（gǔ）和轮胎，如图 3-8 所示。轮毂是圆形的，在教育机器人中它除了作为机器人的行走机构之一，还可以作为仿生动物机器人的眼睛或格斗机器人的盾牌等。大家可以充分发挥自己的想象力，看看轮毂还可以做什么。

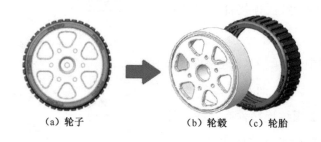

（a）轮子　　　　　（b）轮毂　（c）轮胎

图 3-8　轮子的构成

轮胎外面布满了横纹，这样做是为了增大轮子与地面的摩擦力，有利于机器人前进。

在教育机器人中，轮子也有很多种，如窄轮子、宽轮子、大轮子等。窄轮子的摩擦力小，滚动阻力小，速度快，适合在平滑路面上行驶；宽轮子的摩擦力大，适合爬坡；大轮子更稳定，适合在一些凹凸不平的路面上行驶。在使用时，大家可以根据具体情况进行选择。

3.1.5 不能缺少的螺钉与螺母

小小的螺钉与螺母是教育机器人身上用得最多的零件。别看它们小，作用却很大，有了它们才能把各个部件连接或固定在一起，构成机器人。

在教育机器人中螺钉的种类也很丰富，如长螺钉、短螺钉、限位螺钉等。具体用法将在制作机器人的过程中介绍。

由于螺钉和螺母太小了，不便于用手直接操作，所以在教育机器人中专门配备了两种工具——十字螺丝刀和内六角螺丝刀来操作它们（见图 3-9）。十字螺丝刀是拧螺钉的工具，前端具有磁性，能够吸住小小的螺钉。内六角螺丝刀又称"套筒"，是拧螺母的工具。

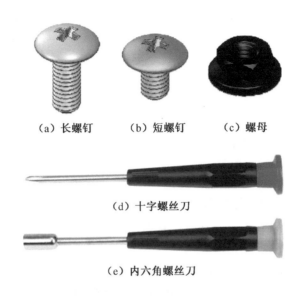

（a）长螺钉　　　　（b）短螺钉　　　　（c）螺母

（d）十字螺丝刀

（e）内六角螺丝刀

图 3-9　螺钉、螺母与螺丝刀

告诉大家一个小窍门：通常拧螺钉和螺母时是"左松右紧"的。也就是说，当用螺丝刀拧螺钉或螺母时，逆时针方向旋转螺丝刀为松开螺钉或螺母，即"左松"；顺时针方向旋转螺丝刀为紧固螺钉或螺母，即"右紧"。

那么，为什么螺钉能与螺母紧扣而不脱落呢？仔细观察图 3-10 所示的螺钉和螺母，可以发现在螺钉上布满了螺纹，而螺母内也有螺纹，螺纹紧紧咬合，才使螺钉不会脱落。这是应用简单机械中的螺旋原理设计的。

图 3-10　带螺纹的螺钉和螺母

3.2 充满活力的电器部分

介绍完机器人钢筋铁骨的机械部分，下面介绍机器人的各个功能器官，也就是它的电器部分。

3.2.1 聪明的大脑——CPU 板

人类的一切行为都是由大脑支配的，而机器人的行为由 CPU 板控制，所以说 CPU 板是机器人的大脑。

CPU 板如图 3-11 所示，是根据存储的程序，接收传感器信息并指挥机器人运动的印制电路板（Printed Circuit Board，PCB）。印制电路板又称集成电路板。

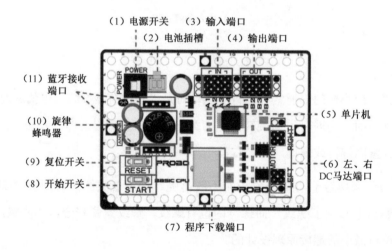

图 3-11　CPU 板

它为什么叫 CPU 板呢？原来，在 CPU 板上集成了一个功能强大的单片机，而单片机的核心部件是中央处理器（Center Processing Unit，CPU），它负责机器人的一切运算控制，所以把这个集成电路板称为"CPU 板"。

单片机如图 3-12 所示，又称微控制器（Micro Controller Unit，MCU），是 CPU 板上

最重要的部件。它的神奇之处在于把一整套计算机系统都集成在一片小小的芯片上，构成了一个单片微型计算机。简单来说，单片机就是一台计算机的主机。

在教育机器人中，共有两款 CPU 板，分别为"普通 CPU 板"和"高级 CPU 板"。二者结构类似，"高级 CPU 板"比"普通 CPU 板"具有更强大的功能，能够连接更多的外部设备。下面我们以"普通 CPU 板"为例，一起来看看机器人的大脑结构。

图 3-12　单片机

就像孔板一样，CPU 板的周围也有许多孔洞，横着数有 15 个，标记为 1～15，竖着数有 11 个，标记为 A～K，它们是用来连接机器人其他部件的。

CPU 板上有 11 个主要部件，各部件的名称、功能简单介绍如下。

1. 电源开关

电源开关位置如图 3-11 中（1）所示，上方的英文为"POWER"，是力量、电力的意思，所以电源开关又被称为 POWER 键。它是用于控制电源打开与关闭的按钮。要想启动机器人，必须首先按下它。

2. 电池插槽

电池插槽位置如图 3-11 中（2）所示，用于连接电池盒线缆。这是给 CPU 板供电的部分，机器人的供电也靠它。普通 CPU 板只有 1 个电池插槽，可以连接电压为 6V 的电池。

注意，在连接电池盒线缆时，千万不能接反。那么，如何保证连接正确呢？原来，在线缆接头和插槽外缘都设计有卡扣。当插入线缆时，卡扣扣在一起，会发出清脆的"咔哒"声；当拔掉线缆时，要按住线缆端的卡扣，使线缆接头与插槽外缘的卡扣分离，再轻轻抬起。不要小看这个不起眼的卡扣，它不仅能保证连接牢固，而且能保证不会接反，可谓一举两得。

3. 输入端口

输入端口（IN）位置如图 3-11 中（3）所示，"输入"是将外部设备的信号传递给 CPU 板的过程。机器人的输入部件通常是传感器。"端口"的英文是"port"，在这里可以认为它是 CPU 板与其他部件连接的插针。输入端口是连接传感器的端口。竖向的 3 根插针为一个输入端口，共有 4 个输入端口，分别是"A1""A2""A3""A4"。

如何保证连线不被接反呢？设计师在设计时已经考虑了这个问题，所以在输入端口旁边画有"●○○"标志，而外部设备的连线通常是 1 根黑线和 2 根白线，我们只需要按照"黑点对黑线"的方式连接，就不会接反，如图 3-13 所示。

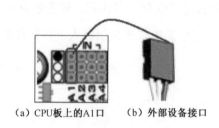

（a）CPU板上的A1口　　（b）外部设备接口

图 3-13　输入端口连接示意图

4. 输出端口

输出端口（OUT）位置如图 3-11 中（4）所示，"输出"是把 CPU 板的信号传递给外部设备的过程。机器人的输出部件通常是 LED 灯、伺服电机等。同输入端口类似，竖向的 3 根插针为一个输出端口，共有 4 个输出端口，分别为"B1""B2""B3""B4"。别忘了，连接方式也是"黑点对黑线"。

5. 单片机

单片机位置如图 3-11 中（5）所示，单片机是 CPU 板上最重要的部件，机器人的一切行为都是由它控制的。它可以存储程序，可以分析运算，还可以控制外设的动作。教育机器人 CPU 板上采用了美国爱特梅尔（ATMEL）公司的高性能 ATMEGA8L 单片机，它集成了 AVR CPU。

为什么叫 AVR CPU 呢？原来这款 CPU 是由爱特梅尔公司的 Alf 和 Vegard 共同研发的精简指令集（RISC）处理器，取两人名字的首字母和指令集首字母就构成了 AVR，所以这款处理器叫作 AVR CPU，如图 3-14 所示。

阿尔夫（Alf）　　维加德（Vegard）

图 3-14　AVR 的来历

6. 左、右 DC 马达端口

左、右 DC 马达端口位置如图 3-11 中（6）所示，DC 马达是机器人主要的运动器官。在 CPU 板上有左、右 DC 马达端口，"LEFT" 是 "左" 的意思，用于连接左 DC 马达；"RIGHT" 是 "右" 的意思，用于连接右 DC 马达。

连接时，如图 3-15 所示，横向的两个插针为 1 个 DC 马达插槽，最多可连接两个左 DC 马达和两个右 DC 马达，连接原则还是 "黑点对黑线"。

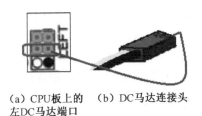

（a）CPU板上的　（b）DC马达连接头
　左DC马达端口

图 3-15　DC 马达连接示意图

7. 程序下载端口

程序下载端口位置如图 3-11 中（7）所示。机器人是受程序控制的。要想让机器人听话，就必须在计算机上进行程序设计。那么，如何把计算机中的程序告诉机器人呢？程序

趣说机器人：中小学机器人科普读本

下载端口就起这个作用，通过专门的程序下载线，将计算机与该端口连接。

8. 开始开关

开始开关位置如图 3-11 中（8）所示，开始开关下方标有英文"START"，是开始的意思，所以开始开关又被称为 START 键。前面提到的电源开关的作用只是给机器人通电，并没有告诉机器人开始工作，如果想让机器人工作，则需要按下开始开关。按一次开始开关，则机器人按上次的程序模式工作；按两次或两次以上开始开关，则机器人按指定的程序开始工作。

9. 复位开关

复位开关位置如图 3-11 中（9）所示，复位开关下方标有英文"RESET"，是重新设定、复位的意思，所以复位开关又被称为 RESET 键。它的作用是重新设定程序模式，换个说法，就是告诉机器人停止当前工作。

10. 旋律蜂鸣器

旋律蜂鸣器位置如图 3-11 中（10）所示，旋律蜂鸣器是机器人发声、唱歌的器件，当机器人开始工作时，它会发出"嘀嘀嘀"的声音，仿佛在说"大家好"。

11. 蓝牙接收端口

蓝牙接收端口位置如图 3-11 中（11）所示，蓝牙接收端口用于连接遥控接收器，与遥控器配对使用，实现对机器人的无线遥控。

蓝牙是什么？蓝牙是一种无线数据通信技术，现在的智能手机都有这个功能，它可以在 10 米范围内进行无线数据交换，可用于机器人的遥控。

为什么这种技术叫"蓝牙"呢？

"蓝牙"是由英文"Bluetooth"直译而来的，其来源于丹麦国王——哈拉尔蓝牙王（Harald Blatand，940—986 年在位）。如图 3-16 所示，这位国王的名字叫哈拉尔，他的外号叫"蓝牙"，为什么叫"蓝牙"，已无从考证。有人说，也许他有一颗蓝色的牙齿。但不管怎样，他是一个了不起的国王。年轻时，他曾率海盗船侵袭周围一些国家，号称"海盗国王"。后来，他统一丹麦，征服挪威，更重要的是引入基督教，使海盗时代逐渐终结。历史学家把他排在影响人类历史的一百位帝王中的第六十三位。用他的名字来命名这种新的无线通信技术，含有将四分五裂的局面统一起来的意思。

图 3-16　丹麦国王哈拉尔蓝牙王

（图片来源：http://www.sohu.com/）

3.2.2　机器人的感觉器官——传感器

人类的视觉、听觉、触觉等让我们能看到、听见、感受这美丽的大千世界。同人类一样，机器人也有各种感觉器官，那就是"传感器"。

传感器，顾名思义就是传递感觉的器件。国家标准《传感器通用术语》（GB/T 7665—2005）对传感器下了一个定义："传感器是能感受被测量并按照一定的规律转换成可用输出信号的器件或装置，通常由敏感元件和转换元件组成。"[8] 在教育机器人的世界里，"被测量（liàng）"是指能被检测的变化量，如物体（桌子、椅子等）、声音等。"按照一定的规律"通常是指物体是否存在、有没有发出声音等规律。"可用输出信号"是指机器人能识别的电信号。"敏感元件"是传感器中能够灵敏地感受被测量变化的部分，而"转换元件"是传感器中能把感受到的信号转化为电信号的部分。也就是说，教育机器人中的传感器是指"能够感受物体是否存在、有没有声音等变化量并转换成电信号的器件或装置，通常由感受部分和转换部分组成"。

传感器的种类相当丰富，有物理量传感器、化学量传感器、生物量传感器等。其中，物理量传感器又包括光敏传感器、声敏传感器、力敏传感器、热敏传感器等，这些传感器广泛应用于各种机器设备，它们检测光亮、声音、压力、温度等物理量的变化并转换成电信号传输给各种机器，让机器有了视觉、听觉和触觉等感官，使机器"活"了起来。

教育机器人的传感器如图 3-17 所示，分别是红外传感器、声音传感器、碰撞传感器和无线遥控器与接收器。它们是机器人的输入设备，前三种通过 3P 延长线把获得的外界信息转换成电信号传给 CPU 板，而遥控器与接收器是一种无线传感器。

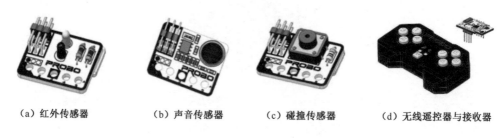

（a）红外传感器　　　（b）声音传感器　　　（c）碰撞传感器　　　（d）无线遥控器与接收器

图 3-17　教育机器人的传感器

3P 延长线如图 3-18（a）所示，"3P"是"3Pin"的简写，表示 3 根插针，"3P 延长线"顾名思义就是用来延长 3 根插针的线。它相当于机器人的血管，一端连接传感器插针，另一端与 CPU 板输入端口 A1 ～ A4［图 3-18（c）］连接（传感器接口和 CPU 板输入端口都是 3 根插针）。与血管不同的是，3P 延长线传输的是电信号。

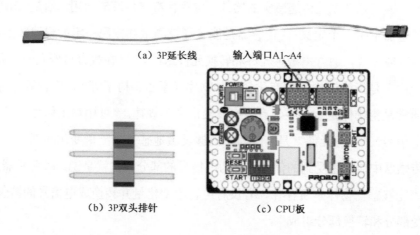

（a）3P延长线　　　　　　　　输入端口A1~A4

（b）3P双头排针　　　　　　　（c）CPU板

图 3-18　与传感器相连的器件

3P 延长线会不会接反呢？仔细观察图 3-17 所示的传感器和图 3-18（c）所示的 CPU 板，就会发现在传感器插针和 CPU 板输入端口旁边都有"●○○"标志，而 3P 延长线是一根黑线、两根白线。还记得"黑点对黑线"吗？只要遵循这个原则，就不会接反。

如果 3P 延长线不够长怎么办？ 3P 双头排针来帮忙。3P 双头排针如图 3-18（b）所示，可以连接两根延长线，大大增加延长线的长度。

现在，我们知道了教育机器人传感器的名字和连接方法，那它们各有什么本领呢？下面一一介绍。

1. 机器人的"眼睛"——红外传感器

红外传感器如图 3-19 所示，是一种非接触传感器。红外传感器很像我们的眼睛，通过反射光来分辨事物，可以作为机器人最简单的视觉器官。

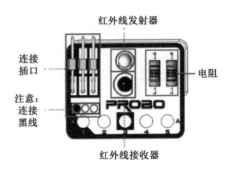

图 3-19　红外传感器

红外传感器由如下几部分组成。

（1）3P 连接器：通过 3P 延长线与 CPU 板连接，连接方法还是"黑点对黑线"。

（2）红外线发射器：用于向外部发射红外线。

（3）红外线接收器：用于接收反射回来的红外线。

（4）电阻：发射部件与接收部件各一个，用来调节电流、稳定电压，防止器件因电流或电压过大而损坏。

红外线是太阳光中众多不可见光线中的一种，具有反射、折射等性质，对人体无害。红外传感器正是利用了红外线的不可见、反射等特性，不仅可以实现非接触避障，而且可以作为机器人循迹的主要工具。

红外传感器的核心部分是红外线发射器和接收器。

当用于避障时，红外传感器通常安装在机器人前方。它的功能比碰撞传感器更加强大，可以不用接触障碍物，通过发射红外线和接收反射的红外线，感知远处是否存在障碍物。这类似于蝙蝠通过声呐捕捉食物，如图 3-20 所示。

图 3-20　蝙蝠通过声呐捕食

（图片来源：http://www.annoroad.com/）

机器人循迹如图 3-21 所示，是指机器人按照指定的路线（通常采用白底黑线）移动。红外传感器的工作原理如图 3-22 所示，当发射红外线到白色物体上时，因为白色反光，所以接收器能够接收到反射的红外线，这使得传感器电压产生变化（升高），传输电信号变化；当传感器发射红外线到黑色物体上时，因为黑色吸光，所以接收器不能接收到反射的红外线，传感器保持原电压不变，传输电信号不变。这样，CPU 板就可以根据红外传感器传来的信号，判断机器人是该直行、左拐还是右拐。

图 3-21　机器人循迹

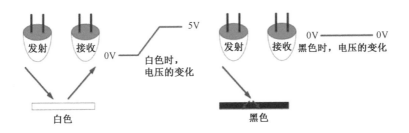

图 3-22 红外传感器的工作原理

2. 机器人的"耳朵"——声音传感器

声音传感器如图 3-23 所示,又称"麦克传感器",是一种用来接收声波的装置。它的作用类似于我们的耳朵,把听到的声音传递给 CPU 板,是机器人的听觉器官。

声音传感器主要由 3 部分组成。

（1）话筒：用于检测周围是否有声音。

（2）3P 连接器：通过 3P 延长线与 CPU 板连接。

（3）电阻：用来调节电流、稳定电压,防止器件因电流或电压过大而损坏。

图 3-23 声音传感器

声音传感器的应用非常广泛,如我们身边的声控灯,它的开关就是声音传感器,声音传感器能够感受声音并转换为模拟信号,声控灯就是依据这个原理制作而成的。教育机器人中的"声控汽车机器人"也利用了声音传感器。当声音传感器检测到鼓掌声音较大时,将电信号发送给 CPU 板,CPU 板控制电机转动,使得小车向前运动。

3. 机器人的"皮肤"——碰撞传感器

碰撞传感器如图 3-24 所示,又称"开关板",是一种接触型传感器,也就是说,当真正触碰它时,它才会传递信号。碰撞传感器很像我们的皮肤,是机器人的触觉器官。

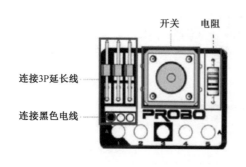

图 3-24　碰撞传感器

碰撞传感器由 3 个部分组成。

（1）开关：用于检测当前的状态（接收外力的碰撞）。

（2）3P 连接器：通过 3P 延长线与 CPU 板连接。

（3）电阻：用来调节电流、稳定电压，防止器件因电流或电压过大而损坏。

碰撞传感器下方的 5 个孔洞用于与其他部件连接。其他传感器的孔洞功能也是如此，后面不再赘述。

碰撞传感器的本领可大了。在避障机器人中，它可以用来检测是否碰到障碍物；在战斗机器人中，它可以控制机器人的战斗动作；在青蛙仿生机器人中，它可以判断机器人是否弹跳等。

碰撞传感器是如何工作的呢？如图 3-25 所示，开关有两种状态——"断开"和"闭合"。当外力碰撞开关时，开关处于"闭合"状态；当没有外力碰撞开关时，开关处于"断开"状态。这两种状态分别可以转换为"有电"和"没电"两种电信号，传递给 CPU 板，CPU 板中的程序根据不同信号控制机器人完成相应动作。

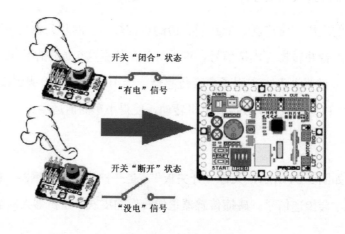

图 3-25　碰撞传感器的原理

以避障机器人为例，如图 3-26（a）所示，在机器人前面安装两个碰撞传感器，左、右各一个，传感器前面还可以加装 3×15 孔板，这样感知障碍物的范围更大。碰撞传感器的应用如图 3-26（b）所示，当避障机器人前进时，如果前方没有障碍物，则两个传感器都处于"断开"状态，机器人在程序控制下可以大摇大摆地往前走；如果前方左侧有障碍物，当碰到障碍物时，左边的传感器受外力作用变成"闭合"状态，右边的还是"断开"状态，那么机器人在 CPU 板程序控制下就会向右转，躲避障碍。同理，如果机器人右侧有障碍物，右边的传感器为"闭合"状态，左边的为"断开"状态，机器人在程序控制下就会向左转，躲避障碍。

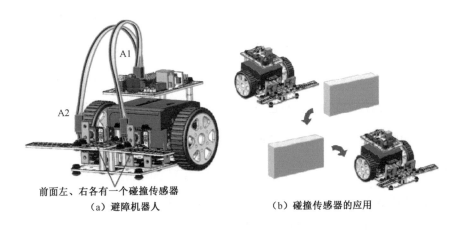

前面左、右各有一个碰撞传感器

（a）避障机器人　　　　　　　　　　　　（b）碰撞传感器的应用

图 3-26　避障机器人及碰撞传感器的应用

4. 连接的最高境界——无线遥控器

无线遥控器的原理与碰撞传感器基本类似。不同的是，遥控器不用 3P 延长线连接，而是靠射频信号与安装在 CPU 板上的遥控接收器通信。射频（Radio Frequency，RF）信号是一种可以在空间传播的电磁波，我们听的收音机就采用射频信号。遥控器的射频信号看不见、摸不着，最大传输距离为 30 米，并且可以穿过墙壁。

无线遥控器需要 2 节 7 号电池供电，通过无线接收器连接 CPU 板。无线接收器与 CPU 板的连接如图 3-27 所示，仔细观察，不要把接收器接反了。

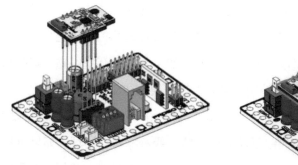
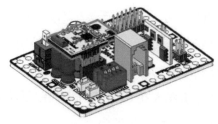

图 3-27　无线接收器与 CPU 板的连接

新安装的接收器还不认识自己的"另一半"——遥控器，怎么办？需要我们帮它们配对，配对成功后遥控器就可以控制机器人了。配对的具体过程如下。

第一步：如图 3-28（a）所示，打开遥控器和 CPU 板的电源，此时，接收器上的 LED 灯慢慢闪烁，好像刚刚睡醒在寻找自己的"另一半"——能够配对的遥控器。

第二步：如图 3-28（b）所示，长按遥控器和接收器的配对按键，LED 灯快速闪烁，仿佛在寻找目标。

第三步：如图 3-28（c）所示，接收器和遥控器上的 LED 灯不再闪烁，而是变成长亮状态，仿佛在说"找到了"，说明配对成功。

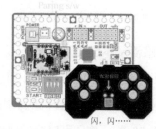

（a）启动电源　　　　　　（b）长按配对　　　　　　（c）匹配成功

图 3-28　遥控器与接收器配对过程

3.2.3 机器人的运动器官——电机

电机,又称"电动机"或"马达"。它是机器人的运动器官,是一种驱使机器人运动的装置(驱动装置),机器人的所有运动都与它有关。例如,马达带动轮子、履带实现机器人的行走,马达带动孔板实现机器人的手臂运动等。

电机构造简单、种类繁多,被广泛应用在起重机、电风扇等工业电器、家用电器中,如图 3-29 所示。

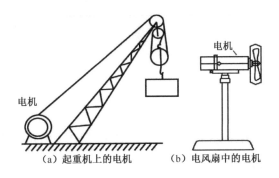

（a）起重机上的电机　　（b）电风扇中的电机

图 3-29　工业电器与家用电器中的电机

（图片来源：http://www.sxybdj.com/）

教育机器人中采用的电机主要有两种:直流减速电机 [图 3-30(a)] 和直流伺服电机 [图 3-30(b)]。

（a）直流减速电机　　　　　（b）直流伺服电机

图 3-30　教育机器人中的电机

1. 直流减速电机

直流减速电机又称"DC 马达"，"DC"是直流电（Direct Current）的英文缩写。直流减速电机是通过电池提供的直流电来工作的，它通常直接连接轮子构成机器人的行走机构，如图 3-31 所示。

图 3-31　直流减速电机与轮子构成行走机构

教育机器人中的直流减速电机内部结构如图 3-32（b）所示，它由核心电机、减速齿轮组、传动轴和外壳组成，可以利用下面的公式来记忆：

直流减速电机 = 核心电机 + 减速齿轮组 + 传动轴 + 外壳

其中，核心电机产生旋转运动；减速齿轮组虽然降低了速度，但增加了承载能力，能够使电机带动更重的设备；传动轴传递旋转运动给外部设备（如轮子等）。核心电机是直流减速电机的核心部件，其内部结构如图 3-32（c）所示，包括定子和转子。

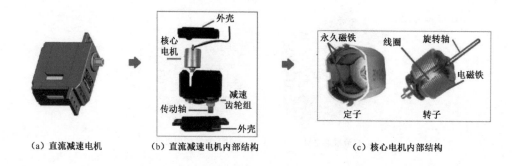

（a）直流减速电机　　（b）直流减速电机内部结构　　（c）核心电机内部结构

图 3-32　直流减速电机结构

电机是利用"通电线圈在磁场中受力转动"的原理制成的，如图 3-33 所示。我们可以看到两组磁铁，定子是永久磁铁，转子是电磁铁。电磁铁（转子）在电源作用下极性不断地交替变换，不断与永久磁铁（定子）发生"同极性相斥、异极性相吸"作用，就是这些吸引力和排斥力产生了转子的旋转运动。

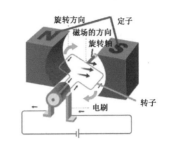

图 3-33　直流减速电机原理

　　仔细观察图 3-30（a）所示的直流减速电机，你会发现在它身上标有"R-120"字样，这是什么意思呢？它表示的是电机的转速，单位为 RPM（Revolutions Per Minute，每分钟转数）。在教育机器人中有两种直流减速电机，一种是 120RPM 电机，表示每分钟 120 转；另一种是 300RPM 电机，表示每分钟 300 转。

2. 直流伺服电机

　　教育机器人中的直流伺服电机简称"伺服电机"，又称"舵机"，主要用于控制机器人的关节运动，如图 3-34 所示为机器人的肩关节。

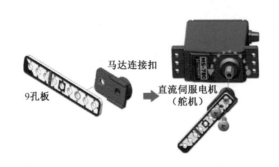

图 3-34　机器人的肩关节

　　它为什么叫伺服电机呢？"伺服"是英文"Servo"的音译，而"Servo"来源于希腊语，是"奴隶"的意思。这种电机很听话，能根据控制信号执行相应的动作，控制信号到来前，转子静止不动；控制信号到来时，转子立刻旋转；控制信号消失后，转子又停止转动。因此，人们把这种听话的电机叫作伺服电机。

那它为什么又叫舵机呢？舵机原来是指船上用于保持或改变航向的设备。后来，我国的航模爱好者们把直流伺服电机拿来做航海模型的船舵和航空模型的飞行舵，因此又将直流伺服电机称为舵机。

直流伺服电机是在直流减速电机的基础上加上电机控制电路和角度传感器构成的。如图 3-35 所示，我们知道"直流减速电机＝核心电机＋减速齿轮组＋传动轴＋外壳"。电机控制电路用来接收输入信号控制电机旋转角度。角度传感器用于检测当前电机旋转位置是否准确，如果不准确则及时调节。由此，我们发现直流减速电机与直流伺服电机最大的不同在于，直流减速电机是 360°转圈的，而直流伺服电机按一定角度旋转。

二者还有一个重要区别，那就是直流减速电机要连接在 CPU 板的马达专用端口上，而直流伺服电机要连接在 CPU 板的输出端口（B1～B4）上，如图 3-36 所示。

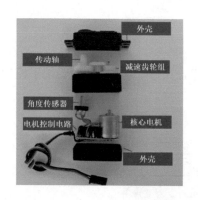

图 3-35　直流伺服电机的内部结构

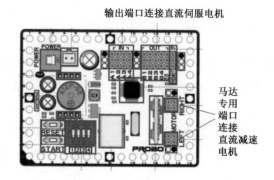

图 3-36　电机与 CPU 板的连接

3. 机器人的自由度

自由度是机器人的一个重要技术参数。它是指机器人所具有的独立坐标运动的数目，不包括手爪（末端执行器）的开合自由度 [9]。简单地说，机器人的自由度决定了机器人的灵活性。自由度越高，机器人越灵活。在一般情况下，直流伺服电机（舵机）的数量等于机器人的自由度值。如图 3-37 所示是十七自由度机器人，如图 3-38 所示是四自由度机器人。

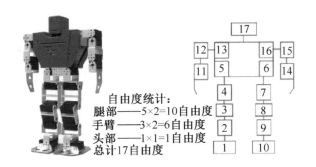

自由度统计：
腿部——5×2=10自由度
手臂——3×2=6自由度
头部——1×1=1自由度
总计17自由度

图 3-37 十七自由度机器人

（图片来源：徐州木牛流马机器人科技有限公司）

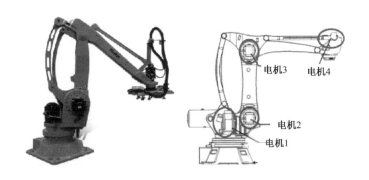

图 3-38 四自由度机器人

3.2.4 机器人的心脏——电源

人类的心脏把血液源源不断地运送至身体各个部分，为身体提供营养。机器人的电源把电送到各个电器部件，为机器人提供工作的能量，所以说，电源就是机器人的心脏。

由于机器人家族成员众多，形态各异，所以对于电源的要求也不一样。例如，大型工业机器人需要采用工业交流电供电，而小型教育机器人使用电池就可以了。

教育机器人的电池与电池盒如图 3-39 所示，采用了 4 节 AA 碱性电池（就是我们常用的 5 号电池），并用电池盒将电池放置在一起。

图 3-39　教育机器人的电池与电池盒

碱性电池也称碱性干电池，常用的品牌有品胜、南孚、爱国者等。该类电池放电量大，使用时间长，产生的电流较一般电池更大。（小知识：5 号电池对应型号是 AA 电池，7 号电池对应型号是 AAA 电池。）

如图 3-40 所示为 5 号南孚电池，单节电池的电压是 1.5V，可以连续使用 270 分钟。仔细观察图 3-40 中的电池，会发现电池上下两端长得不一样。有凸起的一端是正极，标有"+"号；另一端没有凸起，是负极，标有"－"号。

电池盒中需要串联 4 节 5 号电池，电池的连接方式如图 3-41 所示，如果安装错误，机器人就不会工作。当安装正确时，4 节电池就会构成一个整体电源，为机器人提供 6V 电压。

图 3-40　5 号南孚电池

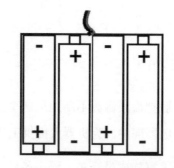

图 3-41　电池的连接方式

在使用电池的过程中，需要注意以下几个问题。

（1）尽量不要把不同牌子的电池混用，也不要新旧电池混用，这样很容易损毁电池。

（2）为了环保，要把废旧电池放到电池专用回收箱里。

（3）当不使用机器人时，最好把电池从电池盒中取出，这样可以避免内部自发反应引起的电池容量损耗。

3.2.5 传递快乐——LED 板

LED（Light Emitting Diode）的中文名字是发光二极管，是一种代替灯泡的新型光源。它有很多优点，如消耗功率低、寿命长、反应速度快、稳定、环保等。机器人安装 LED 板并启动后，LED 灯会一闪一闪的，仿佛在告诉大家："我是多么快乐啊！"

教育机器人中有两种 LED 板，分别是单色光 LED 板和三色光 LED 板，如图 3-42 所示。其中，单色光 LED 板又分为红色 LED 板和黄色 LED 板，可发红光和黄光。三色光 LED 板的每个发光二极管可以发出红（Red）、绿（Green）、蓝（Blue）3 种颜色，所以又叫"RGB LED 板"，3 种颜色组合后可以发出各种颜色的光，非常漂亮。

它们的结构、大小与前面提到的传感器类似，有所不同的是，传感器作为机器人的输入设备连接在 CPU 板的输入端口（A1 ～ A4）上，而 LED 板是机器人的输出设备，连接在 CPU 板的输出端口（B1 ～ B4）上。

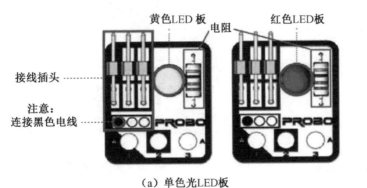

（a）单色光LED板　　　　　　　　　（b）三色光LED板

图 3-42　两种 LED 板

3.3 解剖机器人的大脑——嵌入式计算机系统原理

3.3.1 机器人大脑的内部世界

近几十年来，伴随着微处理器和微型计算机技术的飞速发展，计算机系统逐渐形成了两大分支——通用计算机系统与嵌入式计算机系统。

我们日常使用的台式计算机、笔记本电脑等都属于通用计算机系统，如图3-43（a）所示。通用计算机系统是指具有较强通用性的计算机系统，它能够实现高速、海量的数值计算和信息处理。

教育机器人的大脑大部分采用嵌入式计算机系统，如图3-43（b）所示。嵌入式计算机系统是一种完全嵌入受控器件内部，为特定应用而设计的专用计算机系统[10]，包括硬件和软件。它的主要功能是实现各种设备的智能化控制，在各行各业的智能设备中都有它的身影。

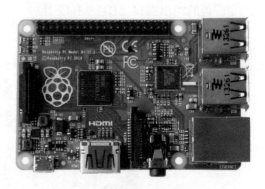

（a）通用计算机系统　　　　　　　　　（b）嵌入式计算机系统

图3-43　现代计算机系统的两大分支

［图片来源：（a）http://img12.3lian.com/gaoqing02/02/45/30.jpg，http://www.niubs.com/public/images/d7/33/ce/6b026a9c4b733d1ee1c8dabf12b229c9e06488ce.jpg；

（b）https://www.raspberrypi.org/app/uploads/2014/07/rsz_b-.jpg］

大家一定很好奇，机器人的大脑里有什么？它是如何控制机器人的？接下来就让我们一起"解剖"机器人的大脑，看看机器人大脑的内部世界。

1. 机器人的大脑里有什么

教育机器人的大脑是一台嵌入式计算机（以下简称"计算机"），机器人的一切行动都是由这台计算机控制的。如图 3-44 所示，其内部主要有 3 部分：基本供电电路、各种接口电路和单片机。

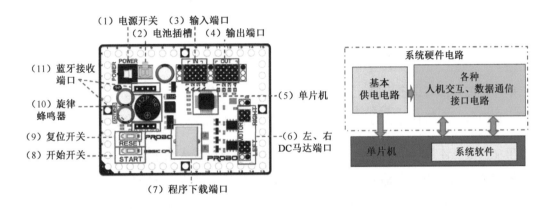

图 3-44　教育机器人的大脑——嵌入式计算机及其内部主要结构

基本供电电路提供机器人大脑所需的"营养"——直流电，如"电源开关""电池插槽"等都属于基本供电电路的组成部分。

各种接口电路用于机器人与外部世界沟通，获取或发送信息。例如，人机交互接口就是人与计算机交流互动的接口，人们按下"开始开关"启动机器人，按下"复位开关"使机器人回到等待工作状态，这些都属于人机交互接口。数据通信接口就是传感器、马达等设备与计算机之间传递数据或控制信号的部分，"输入端口""输出端口""左、右 DC 马达端口""蓝牙接收端口"等都属于数据通信接口。

单片机是嵌入式计算机的核心，如图 3-45 所示。"单片机"的叫法在我国比较常用，它还有另一个名字叫"微控制器"，在国际上更为通用。

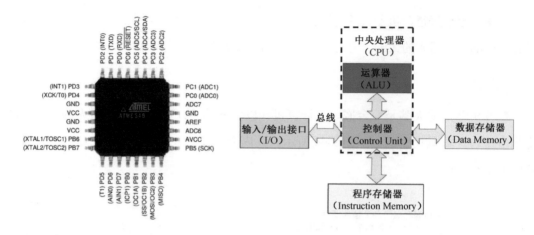

图 3-45　嵌入式计算机的核心——单片机及其内部基本结构

单片机的外部有许多引脚，这使它看起来像个张牙舞爪的"小怪物"。可别小看这些引脚，它们每一个都有自己的用处，可在单片机和嵌入式计算机之间传递信号。

单片机的主体是一个小黑块，别看它黑乎乎的，只有成人指甲盖那么大，却是一个超大规模集成电路，里面有输入／输出接口、程序存储器、数据存储器、运算器和控制器，它们通过总线连在一起。输入／输出接口像一个外交官，用于与外部电路交换信息；程序存储器和数据存储器是单片机的记忆部件，分别管理机器人程序和各种数据，有些单片机也把它们合二为一，只设一个存储器；运算器是一个"计算天才"，能够完成各种计算；控制器是一个"大管家"，管理各部件工作的先后顺序。其中，运算器、控制器共同构成了中央处理器（CPU）。

2. 机器人大脑如何工作

我们先来做一道数学题："9+3＝？"。大家一定马上就算出结果了。不过，你知道聪明的大脑是如何计算的吗？

人脑的工作过程很难细致描述，大体如图 3-46 所示。首先用眼睛看题——收集信息，然后在大脑里计算结果，这时大脑一定预先知道了加法规则，最后用手写出答案。有没有人是先写答案再去看题的？一定没有。这就是人脑的工作过程，大脑会控制我们先看题，再计算，最后写答案。

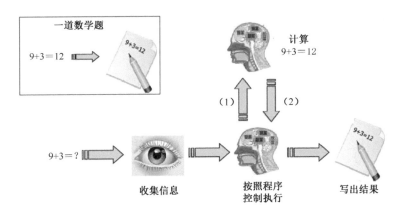

图 3-46　人脑计算数学题的过程示意图

作为机器人大脑的嵌入式计算机，其工作过程也是很复杂的，不过同人脑类似，如图 3-47 所示。"控制器"根据"程序存储器"中的程序指令，首先控制"输入接口"输入数据到"数据存储器"，然后控制"运算器"根据数据进行运算，最后控制"输出接口"输出最终结果。

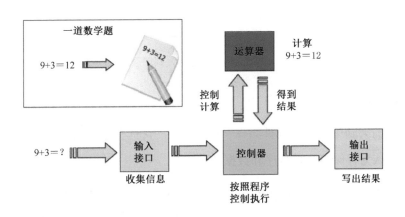

图 3-47　嵌入式计算机工作过程示意图

3.3.2　程序和数据"住"在哪里——存储程序

"存储程序"的思想是由计算机界的"大牛人"——冯·诺依曼在 20 世纪 40 年代末

提出的，它是现代计算机的两大特性之一。机器人的大脑是嵌入式计算机系统，所以也具有这个特性。

1. 存储大厦——存储程序的原理

1）什么是程序

机器人先做什么，后做什么，都是由大脑中的程序控制的。

程序是对机器人任务（或者计算）过程的描述，由许多语句按一定顺序组成。这些语句就是控制机器人运行的"指令"或"命令"。在图 3-48 中，7 条语句构成了一个 C++ 语言程序。

```
1  #include<iostream>
2  using namespace std;
3  int main()
4  {
5      cout<<"hello,world!"<<endl;
6      return 0;
7  }
```

图 3-48　C++ 语言程序

2）什么是存储程序

在机器人的大脑中，有种部件叫作"存储器"，它具有记忆功能，能存储输入的程序和数据，可以认为存储器就是程序和数据的"家"。

如图 3-49 所示，一个存储器就像一座大厦，里面有许许多多的小房间，称为"存储单元"，每条程序语句、每个数据都会按照一定的顺序住在不同的房间里。

怎样找到需要的语句或数据呢？就像人们居住的大厦一样，为了区分各个房间，需要给每个房间指定一个唯一的编号，称为"存储单元地址"，这样就可以按照地址找到内容了。

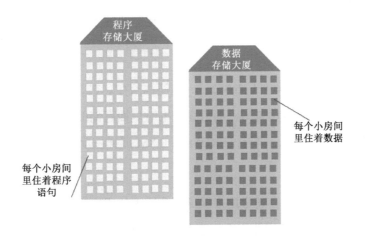

图 3-49　程序和数据的存储大厦

存储程序的作用是什么呢？将程序或数据顺序存在存储器中，处理器就可以自动取出它们用于执行，这样处理器的执行速度会非常快。

有些系统会把程序和数据分开存放在不同的存储器中，这叫作"哈佛存储器结构"，许多机器人的大脑采用这种结构；还有些系统会把程序和数据放在一个存储器中，这叫作"冯·诺依曼存储器结构"，台式计算机或笔记本电脑通常采用这种结构。

2. 存储器分类

机器人大脑中的存储器分为只读存储器、随机访问存储器和闪速存储器。

1）只读存储器

只读存储器的英文名称是 Read Only Memory（ROM），顾名思义就是只能读取信息的存储器。它的特点是在机器人没有电时仍然可以"坚守岗位"——存储信息。但这种存储器只能读取信息，不能让用户写入信息。它通常用来存放固定不变的机器人参数和初始程序等，这些参数和程序在每次机器人通电时被读入处理器。

2）随机访问存储器

随机访问存储器的英文名称是 Random Access Memory（RAM）。它的特点与只读存储器相反，它既可以读取也可以写入信息，不过，一旦没电就"罢工"，里面存储的信息

121

会全部丢失。这种存储器通常用于存放当前需要运行的程序或数据。

3）闪速存储器

闪速存储器的英文名称是 Flash Memory，简称闪存。它同时具有只读存储器和随机访问存储器的特点，即信息可读可写，而且在没电时里面存储的信息也不会消失。不过，闪存每次都要读写一大块信息，不能像 ROM 和 RAM 那样按字节读写，所以它还不能代替另外两种存储器。

在机器人的大脑中，闪存通常用来保存用户输入的程序，当需要运行程序时，再把程序读入 RAM，由 RAM 与处理器交换程序和数据。我们常用的 U 盘也是闪存。

3.3.3 我的脑里只有你——二进制

机器人的大脑的另一个特性是采用二进制进行操作。机器人的大脑中只有二进制。什么是二进制？它是如何计算的？它又是如何变成文字的呢？相信大家一定充满了疑问，下面我们就一起了解二进制相关的知识。

1. 十进制与二进制

在机器人的大脑中，数据是以二进制形式表示的。在介绍二进制之前，我们先来了解一下日常生活中使用的十进制数字。

为什么人类世界大都使用十进制呢？亚里士多德称人类普遍使用十进制，只不过是绝大多数人生来就有十根手指这样一个解剖学事实导致的结果。

如图 3-50 所示，众所周知，十进制数是由 0 ～ 9 这十个数字组成的，如 123、3.14 等。十进制的特点有两个，即"逢十进一"和"按权相加"。

$$0123456789$$

图 3-50　十进制的组成

什么是"逢十进一"呢？这是十进制的构成规则，即在计算中如果某位的计算结果为十，则向高位进一，同时当前位变为零。例如：

$$9+1=10$$

在上面的算式中，根据"逢十进一"规则，个位向十位进一，个位变成零，所以结果写成"10"。

$$19+1=20$$

在上面的算式中，根据"逢十进一"规则，个位向十位进一，个位变成零；然后进位一与原有十位上的一相加成为二，所以，结果写成"20"。

$$99+1=100$$

在上面的算式中，根据"逢十进一"规则，个位向十位进一，个位变成零；向十位进的一与原有十位上的九相加又符合"逢十进一"规则，十位向百位进一，十位变成零，百位为一，所以结果写成"100"。

什么是"按权相加"呢？这是十进制的表示规则。"按权相加"是指一个十进制数可以表示成每位上的数乘以权后相加。所谓"权"，就是数字所在的数位 10^i。在十进制中，个位表示成 10^0，十位表示成 10^1，百位表示成 10^2，依次类推。例如：

$$2058=2\times10^3+0\times10^2+5\times10^1+8\times10^0$$

这就是十进制。不看不知道，数字世界真奇妙！我们再来说说二进制。

我们"穿越"到古代，你在一个烽火台上，我在另一个烽火台上，只要你那边来敌人了，你就点狼烟通知我。于是，我盯着你那边的烽火台，一直没有动静（状态 0），说明没有敌人，平安无事。突然，你那边点起狼烟（状态 1），说明敌人来了，必须准备战斗（见图 3-51）。这就是二进制，二进制只有两种状态，分别用数字 0 和 1 来表示。在机器人的大脑中，无论多长的数据都只用 0 和 1 表示，如图 3-52 所示。

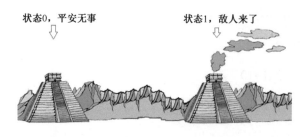

状态0，平安无事　　　　　状态1，敌人来了

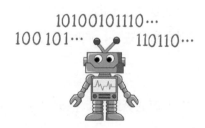

图 3-51　烽火台上的二进制　　　　　图 3-52　机器人大脑中的二进制数据

为了与十进制相区别，在二进制数的右下角标注一个下标"2"，表示二进制，如 $(10)_2$、$(1010)_2$ 等。

与十进制的构成规则不同，二进制是"逢二进一"的。例如：

$$(1)_2+(1)_2=(10)_2$$

在上面的算式中，根据"逢二进一"规则，当前位向高位进一，当前位变成零，所以结果写成"$(10)_2$"，下标"2"表示二进制数。

$$(10)_2+(1)_2=(11)_2$$

在上面的算式中，当前位为零，加一等于一，没有进位，所以结果写成"$(11)_2$"。

$$(11)_2+(1)_2=(100)_2$$

在上面的计算式中，当前位为一，加一等于二，根据"逢二进一"规则，当前位向高位进一，当前位变成零，而高位一加上进位一又等于二，只好再向更高位进一，所以结果写成"$(100)_2$"。

二进制的表示规则也是"按权相加"，与十进制不同的是，二进制的权为 2^i，即最低位表示成 2^0，第二位表示成 2^1，第三位表示成 2^2，依次类推。例如：

$$(1010)_2=1\times2^3+0\times2^2+1\times2^1+0\times2^0$$

"1010"在二进制中读作"一零一零"。

2. 机器人的大脑中的世界——字符表示

1）二进制的单位

机器人的大脑中只有二进制数，可是二进制中的一位只能表示 0 或 1，信息量太少了，怎么办？科学家们当然有办法，他们把 8 位二进制数放在一起，共同表示一个信息，这样就有了"字节"的概念。在机器人的大脑中，是以"字节"为单位来存储数据的，如图 3-53 所示。

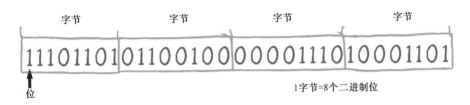

图 3-53　二进制中位与字节的概念

二进制位的英文单词是"bit"，读作"比特"。字节的英文单词是"byte"，读作"拜特"。由于这两个单词都以字母"b"开头，为了表示区别，通常用小写字母"b"表示二进制位，用大写字母"B"表示字节。这样就可以写成：

$$1B=8b$$

在字节的基础上，科学家们又给出了 KB、MB、GB 和 TB 等单位，它们与字节的关系如下：

$$1KB=1024B$$

$$1MB=1024KB$$

$$1GB=1024MB$$

$$1TB=1024GB$$

为什么都是 1024？为什么不是 1000？这跟二进制换算有关，因为 1024 正好是 2^{10}。

2）字符的表示方法

我们编写的程序都是由字母组成的，它是如何变成二进制数存入机器人的大脑的呢？为了用一串二进制数表示一个字符，科学家们设计了 ASCII 码来定义字符与二进制数的对应规则。ASCII 是 "American Standard Code for Information Interchange" 的首字母组合，翻译过来就是美国标准信息交换码。如图 3-54 所示，ASCII 码采用一个字节来表示一个字符编码。基本 ASCII 码将字节的最高位设为 0，只用低七位表示信息，共有 128 个编码，用来表示一些常用的字符，包括字母、数字、标点符号等。

美国标准信息交换码

十进制	字符	十进制	字符	十进制	字符	十进制	字符	十进制	字符	十进制	字符	十进制	字符	十进制	字符
0		16	▶	32		48	0	64	@	80	P	96	`	112	p
1	☺	17	◀	33	!	49	1	65	A	81	Q	97	a	113	q
2	☻	18	↕	34	"	50	2	66	B	82	R	98	b	114	r
3	♥	19	‼	35	#	51	3	67	C	83	S	99	c	115	s
4	♦	20	¶	36	$	52	4	68	D	84	T	100	d	116	t
5	♣	21	§	37	%	53	5	69	E	85	U	101	e	117	u
6	♠	22	▬	38	&	54	6	70	F	86	V	102	f	118	v
7	•	23	↨	39	'	55	7	71	G	87	W	103	g	119	w
8	◘	24	↑	40	(	56	8	72	H	88	X	104	h	120	x
9	○	25	↓	41	)	57	9	73	I	89	Y	105	i	121	y
10	◙	26	→	42	*	58	:	74	J	90	Z	106	j	122	z
11	♂	27	←	43	+	59	;	75	K	91	[	107	k	123	{
12	♀	28	∟	44	,	60	<	76	L	92	\	108	l	124	|
13	♪	29	↔	45	-	61	=	77	M	93	]	109	m	125	}
14	♫	30	▲	46	.	62	>	78	N	94	^	110	n	126	~
15	☼	31	▼	47	/	63	?	79	O	95		111	o	127	⌂

图 3-54　基本 ASCII 码

　　这么多编码，密密麻麻，需要都背下来吗？当然不需要，因为 ASCII 码采用字典顺序编码，所以我们只要记住字符"0"的 ASCII 码是 48，大写字母"A"的 ASCII 码是 65，小写字母"a"的 ASCII 码是 97，其他的都可以据此推算出来。

机器人的思维——程序设计

4.1 机器人编程

试想这样的一个场景，一天下午爸爸妈妈都还没有下班，家里只有你和一个机器人管家。你写完作业后准备美美地看上一部动画片，可是家里一切电器都是由机器人管家控制的，于是你对机器人管家说："请打开电视，我要看动画片。"机器人管家却回答你："对不起，没有看动画片的程序。主人，您不能看动画片，根据程序您现在要学习英语。"这时你一定会想："要是我能编写机器人程序，改变日程安排该多好啊！"这一章，我们就一起来了解机器人程序设计。

什么是程序？机器人是有思维的机器，机器人的思维就是程序。机器人是根据事先编写好的程序工作的。程序是对机器人任务（或者计算）过程的描述，由许多命令按一定顺序组成。例如，把大象关到冰箱里的程序包括"打开冰箱门""把大象放进去""关上冰箱门"三步，如图4-1所示。

用什么来进行程序设计呢？我们要告诉机器人该做什么、不该做什么，就必须用机器人的语言。这种语言就是程序设计语言。它有一定的规则，了解了这个规则，你就能真正成为机器人的主人了。

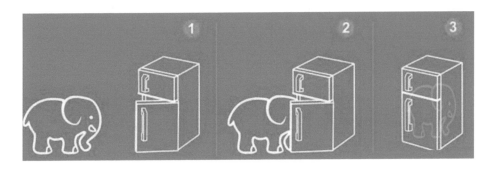

图 4-1　把大象关到冰箱里分三步

（图片来源：www.gpxz.com）

通过前面的学习我们已经知道，机器人的大脑中只有二进制，所以机器人的大脑中的程序实际上是图 4-2 这样的。

这是什么？完全搞不懂啊！

别着急，这叫作机器语言，是用二进制实现的（只有"0""1"两个数字）。

图 4-2　机器语言

不过，我们使用的程序设计语言不是这样的，程序设计语言如图 4-3 所示。"a=b+1;"看起来像一个数学运算式，实际上是 C 语言中的一条语句。C 语言是国际上广泛应用的计算机高级语言[11]。它既可以编写机器人程序，又可以编写计算机程序，而且大量使用了数学中的符号。

图 4-3　程序设计语言

那么，问题来了，机器人满脑子都是二进制，它怎样才能看懂 C 语言呢？这就需要一个翻译官，把 C 语言翻译成二进制机器语言。下面介绍机器人程序翻译官 GULC。

4.2　程序翻译官——GULC

咦，GULC 不是一个人吗？当然不是，它是一款计算机软件，是专门为教育机器人设计的，它可以把我们输入的 C 语言转换成二进制机器语言并告诉机器人（这个过程叫作"编译并下载"），如图 4-4 所示。

图 4-4　程序翻译官——GULC

使用 GULC 需要输入很多字符，如果不会使用键盘怎么办？不用担心，GULC 是采用积木拖曳方式完成程序设计的，它里面的每一条语句都被做成积木块，只要动动鼠标，编程就像搭积木一样简单。

在使用 GULC 之前需要先把它安装在计算机中，这一步可以让爸爸妈妈或老师帮忙。

4.2.1 GULC 操作界面

GULC 操作界面如图 4-5 所示，主要包括 6 部分，分别是菜单栏、常用工具栏、编辑工具栏、C 语言代码显示区、功能列表 / 文件浏览区、程序编辑区。

图 4-5 GULC 操作界面

1. 菜单栏

菜单栏提供了 GULC 的全部操作命令，只需用鼠标单击就可完成操作。这就像在饭店里拿着菜单点菜，所以把它称为"菜单栏"。菜单栏中有"文件""编辑""执行""显示""CPU 类型选择"菜单，如图 4-6 所示。

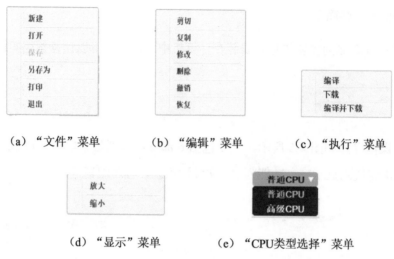

（a）"文件"菜单　　　　（b）"编辑"菜单　　　　（c）"执行"菜单

（d）"显示"菜单　　　　（e）"CPU类型选择"菜单

图 4-6　菜单栏的组成

1）"文件"菜单

"文件"菜单主要提供对程序的操作命令。所谓"文件"，就是存在计算机里的程序。

如图 4-6（a）所示，要写一个新程序，那就使用"新建"命令，要修改以前写的程序，那就使用"打开"命令；程序没写完，下次还要写，那就用"保存"命令先保存起来。注意：当 GULC 中没有程序时，"保存"命令是灰色的，表示暂时不能用。对了，还有"另存为"命令，使用这个命令可以把程序换个名字保存。

这里就介绍 4 个常用的命令，其余的命令大家可以自己去探索。

2）"编辑"菜单

"编辑"菜单主要提供编写程序过程中会用到的一些命令，如图 4-6（b）所示，最常用的是"复制"和"撤销"命令。

当程序很长，内容又都差不多时，可以用一个小妙招——"复制"命令。利用这个命令，可以复制选中的代码。

如果代码输入错了，怎么办？别着急，"撤销"命令来帮忙，它专门用于取消上一次的操作。

3）"执行"菜单

"执行"菜单如图 4-6（c）所示。在写完程序后，可以利用这个菜单中的命令把程序翻译成机器人能理解的二进制语言。

在写完程序后，单击"编译"命令，GULC 会先检查程序是否有错误，如果没有错误，就会把程序转换成机器人能理解的二进制语言。

程序变成二进制语言了，可是还没告诉机器人，怎么办？单击"下载"命令会把这个程序告诉机器人。当然，在这之前需要用一根程序下载线把计算机和机器人连接起来。

4）"显示"菜单

程序里的字太大或太小，怎么办？这时轮到"显示"菜单大显身手了，如图 4-6（d）所示，其中提供了 2 个命令——"放大"和"缩小"，可以任意改变程序里积木块的大小。

5）"CPU 类型选择"菜单

还记得吗？教育机器人中有两个 CPU 板。"CPU 类型选择"菜单如图 4-6（e）所示，"普通 CPU"命令对应 1～3 段机器人的 CPU 板编程，"高级 CPU"命令对应 4 段及以上机器人的 CPU 板编程。

2. 常用工具栏

如果觉得打开菜单太麻烦，没关系，GULC 中还有常用工具栏，如图 4-7 所示。常用工具栏中列出了最常用的菜单命令，直接用鼠标单击就可以了。

新文件　文件　保存　其他名保存　编译　下载　编译后下载　截图　设定

图 4-7　常用工具栏

常用工具栏中用于文件操作的命令有 4 个："新文件""打开""保存""其他名保存"；用于程序操作的命令有 3 个："编译""下载""编译后下载"。这些命令在菜单栏中都介绍过了。

常用工具栏中还有 2 个命令："截图"和"设定"。"截图"命令用于将编好的程序作为图像保存到计算机中。"设定"命令用于修改 GULC 软件的一些配置参数。

3. 编辑工具栏

编辑工具栏如图 4-8 所示，对应"编辑"菜单中的命令。

图 4-8　编辑工具栏

4.C 语言代码显示区

C 语言代码显示区在操作界面的右侧，如图 4-9 所示。它主要用于显示程序积木块所对应的语句，使大家对 C 语言有更直观的认知，为将来深入学习 C 语言打基础。

```
C语言代码
0    #include "api.h"
1    int main(void)
2    {
3        start();
4        play(do4,n8);
5        end();
6        return 0;
7    }
```

图 4-9　C 语言代码显示区

5. 功能列表 / 文件浏览区

功能列表 / 文件浏览区在操作界面的左侧，分为"功能列表区"和"文件浏览区"两部分，在编程中主要使用这一区域。

1）功能列表区

功能列表区如图 4-10 所示，编程要用到的程序积木块都显示在这里，主要分为 3 类：
C 语言语法类、机器人操作类和其他。

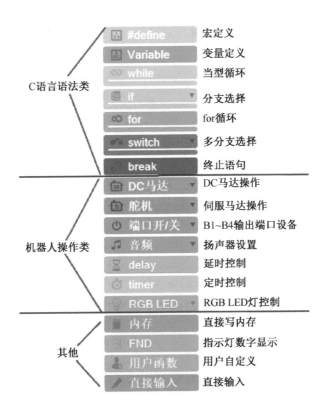

图 4-10 功能列表区

每个积木块的功能会在后文讨论编程时介绍。

有些积木块后面带有"▼"标志，这表示其中有多个积木块，可以展开后选择使用。

2）文件浏览区

如图 4-11 所示，单击"文件浏览器"，可以打开文件浏览区，其中显示了文件所在的
位置。

大家在操作时要注意，一定要记住自己保存程序的位置，否则有可能找不到自己的程序。

图 4-11　文件浏览区

6. 程序编辑区

程序编辑区如图 4-12 所示，这是我们编程的"主战场"。在编程时，我们只需要将左边功能列表区中的积木块拖曳到这里就可以了；如果要删除程序中的积木块，可以直接将其拖曳到"回收站"。

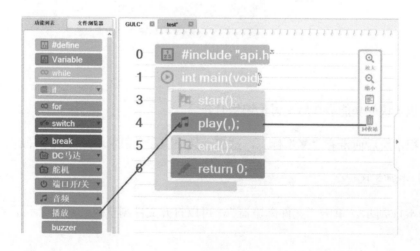

图 4-12　程序编辑区

程序编辑区中已固化了一个程序框架，此为机器人程序的固定框架，大家只需要向其中添加程序积木块就可以了。

终于介绍完操作界面了，下面我们来说说 GULC 程序框架吧！

4.2.2　GULC 程序框架

GULC 程序框架如图 4-13 所示，这是固定的程序结构。图 4-13（a）是程序编辑区中的程序框架，我们只需要在两个黄色的程序积木块（"start()；"和"end()；"）之间插入想要的程序积木块。图 4-13（b）是 C 语言代码显示区中的程序框架，它与左边的程序框架完全一致，是用来帮助我们更好地理解 C 语言程序的。

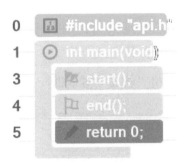

（a）程序编辑区中的程序框架

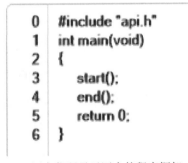

（b）C语言代码显示区中的程序框架

图 4-13　GULC 程序框架

大家一定很好奇，这个程序框架是什么意思呢？接下来，就让我们揭开它的神秘面纱，逐行进行介绍。

第 0 行表示包含 api.h 头文件。

第 1 行中 int 表示函数返回值为整型（每个 C 语言函数都有返回值）。main 表示主函数，C 语言程序总是从主函数开始，在主函数结束。main 后面括号中的 void 表示主函数参数为空。

第 2 行和第 6 行中的花括号表示函数的开始和结束。

第 3 行和第 4 行表示机器人程序的开始和结束，所有机器人程序语句都放在 start() 和 end() 之间。

第 5 行表示函数运行后正常结束，返回值为 0。

接下来，就是大家最感兴趣的问题了——GULC 是如何编程的呢？

4.2.3　GULC 编程步骤

1. 打开开发环境

用鼠标双击 GULC 软件图标，打开 GULC 软件，如图 4-14 所示。

图 4-14　GULC 软件图标

2. 新建程序

进入 GULC 后，选择"文件"菜单中的"新建"命令，或者单击"常用工具栏"中的"新文件"工具，弹出"新建"对话框，在"项目名称"栏中输入名称即可，如图 4-15 所示。

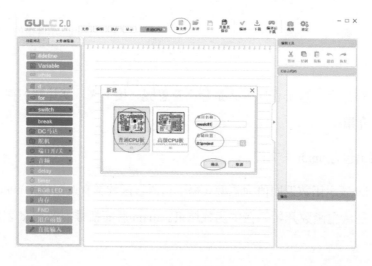

图 4-15　GULC 新建项目

小提示：

（1）1～3 段机器人编程选择"普通 CPU 板"，3 段以上机器人编程选择"高级 CPU 板"。

（2）建议在 C 盘或 D 盘建立一个专门存放程序的文件夹，每次新建程序都可以指定"存储位置"，将程序放在其中，如本例中的"D:\project"。

（3）输入名称最好与程序功能相关，不建议用汉字命名，可以用拼音。

（4）新建项目后，GULC 将在指定路径下新建一个与项目同名的文件夹，我们编写的程序及 GULC 自动产生的中间文件、结果文件都存在该文件夹下，如图 4-16 所示。

图 4-16　GULC 在指定路径下新建一个与项目同名的文件夹

3. 编辑并保存程序

如图 4-17 所示，从"功能列表"里拖曳"Sound"（音频）中的"Play"（播放）积木块到程序框架中的 start() 和 end() 之间。注意，如果不想要这个积木块了，可以直接将其拖曳到右边的"回收站"。好了，程序完成了，就是这么简单。

在拖曳积木块到程序框架后，可以单击或双击编辑区中的积木块，会有不同效果。

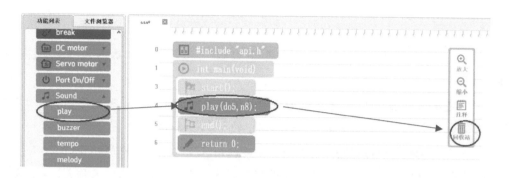

图 4-17   拖曳积木块"play"到程序框架中

单击编辑区中的积木块，积木块前面会出现"√"，表示该积木块已被选中，这时可以进行复制等编辑操作，如图 4-18 所示。再次单击则"√"消失，表示不能编辑了，可以正常编程。当然，也可以同时单击选中多个积木块进行编辑操作。

双击编辑区中的积木块，会弹出积木块设置对话框，此时可设置积木块参数，如图 4-19 所示。注意：许多积木块必须配置参数，才能正确使用。另外，参数配置完成后别忘了单击"确认"按钮。

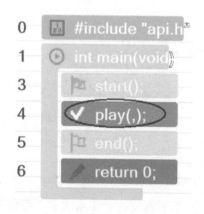

图 4-18   单击选中积木块

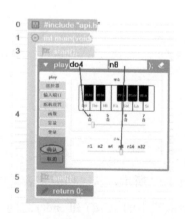

图 4-19   双击积木块设置参数

程序编辑完成后，千万别忘了保存程序，否则程序会丢失，工夫就都白费了。保存的方式有两种：通过"文件"菜单中的"保存"命令，或者通过"常用工具栏"中的"保存"工具，如图 4-20 所示。

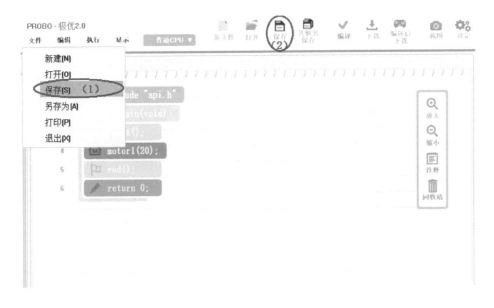

图 4-20 保存程序的两种方式

4. 连接机器人和计算机

确切地说，我们通过 USB 程序下载线将机器人的 CPU 板和计算机连接起来，如图 4-21 所示。USB 程序下载线是由教育机器人生产厂家提供的，需要单独购买。

（a）USB程序下载线

（b）CPU板与计算机连接

图 4-21 连接 CPU 板和计算机

5.编译并下载程序

选择"执行"菜单中的"编译并下载"命令，或者选择"常用工具栏"中的"编译后下载"工具，编译程序并将程序下载到 CPU 板中，如图 4-22 所示。

图 4-22　编译并下载程序

到此就完成了编程的整个过程。这时可以拔掉机器人的数据线，接通机器人电源，按机器人 CPU 板上的 POWER 键，再按 START 键，就会听到 CPU 板上的蜂鸣器发出"嘟"的一声。

小提示：

（1）如果不拔掉机器人数据线，采用笔记本电脑供电方式运行程序，很可能会由于笔记本电脑对机器人供电不足而导致程序无法运行。因此，建议按上述步骤操作。

（2）当我们向机器人的大脑中写入程序时，它原来的程序会被覆盖。那么，怎样将原来的程序找回来呢？不用担心，有一款名为"PROBO Easy Down"的软件，可以用来恢复原来的程序，如图 4-23 所示。

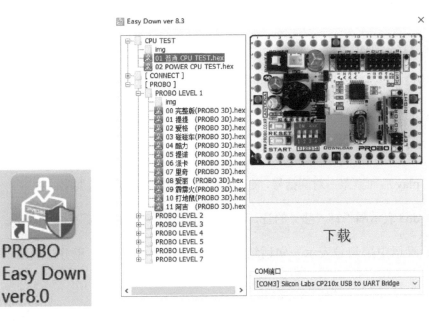

图 4-23　PROBO Easy Down 软件图标及界面

4.3　机器人唱歌——蜂鸣器控制和数据概念

如何让机器人唱歌呢？我们在前面的 GULC 编程步骤中介绍了，只需要把"play(do5,n8);"语句放在 start() 和 end() 之间，编译并下载后，机器人 CPU 板上的蜂鸣器就可以发出"哆"的一声。那么，play 命令还能干什么呢？

4.3.1　用 play 命令演奏乐曲

1. play 命令是干什么的

play 命令可以使机器人 CPU 板上的蜂鸣器发出声音。

【格式】

play(音符 , 节拍);

【举例】

play(do5,n8);

【说明】

（1）play 后面紧跟一对圆括号，（）里放的是参数，用于设置要唱的内容。

（2）do5 表示唱"1"（哆）的音，n8 表示 1/8 拍。唱的内容要用逗号隔开。

（3）汉语中用句号表示一句话结束。在机器人的语言中，用分号表示一个语句的结束。

（4）在 GULC 的"功能列表"中，"Sound"下面的"play"积木块就表示 play 命令。可以将它拖曳到编辑区中，然后双击积木块设置参数，如图 4-24 所示。注意，设置完参数后，别忘了单击"确认"按钮。

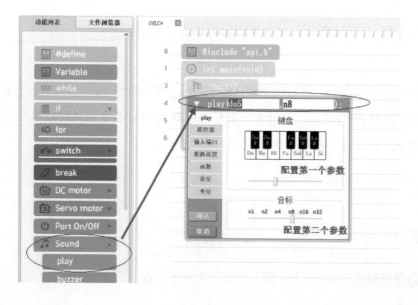

图 4-24 "play"积木块的应用

2. 演奏 "1234567"

如何让机器人演奏 "1234567" 呢？只需要多次复制 "play" 积木块，不过每个积木块中的参数设置不同，如图 4-25 所示。

程序示例如图 4-26 所示。

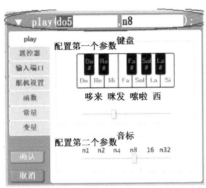

图 4-25　参数设置

图 4-26　程序示例

【说明】

（1）要按照 GULC 编程步骤进行操作，具体如下：打开开发环境→新建程序→编辑并保存程序→连接机器人和计算机→编译并下载程序。

（2）下载成功后，按 CPU 板上的 POWER 键，再按 START 键，就能播放美妙的音乐了。

（3）注意在编写程序的过程中，对于重复的语句可以使用 "复制" 工具进行复制和粘贴操作，如图 4-27 所示。

图 4-27　"复制" 工具

3. 演奏乐曲《找朋友》

接下来，我们提高难度，让机器人演奏乐曲《找朋友》。《找朋友》曲谱如图 4-28 所示，这个曲谱有点长，别忘了使用"复制"工具哦！

程序代码如图 4-29 所示。

图 4-28 《找朋友》曲谱

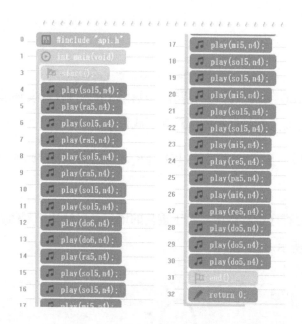

图 4-29 程序代码

按照前面的编程步骤完成操作，音乐就会响起。

4.3.2 delay 命令的妙用

前面我们已经让机器人唱歌了，不过机器人唱得太快了，能不能让它慢一点，有点节奏呢？当然可以，利用 delay 命令就可以做到。它的功能就是延时。

【格式】

{delay(延长的时间);

【举例】

{delay(100);

【说明】

（1）delay 的作用是"延时操作"。

（2）在 delay 的后面也紧跟着一对圆括号，把延长的时间放在里面。

（3）100 表示让机器人慢 100 毫秒，也就是 0.1 秒（1 秒 =1000 毫秒）。

（4）最后的分号表示一个语句的结束。

（5）在 GULC 的"功能列表"中，"delay"积木块在"Sound"下面，可以直接将它拖曳到程序编辑区，如图 4-30 所示。

【想一想】

在 delay 命令中写 5000 表示什么？对了，表示 5 秒，因为 1 秒 =1000 毫秒。

【举例】

在图 4-28 所示的《找朋友》曲谱中，竖线表示小节，在程序中可以用 delay(100) 表示。

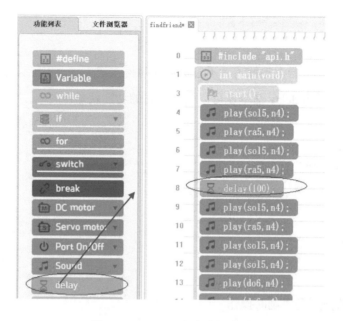

图 4-30 "delay" 积木块的应用

【参数设置】

参数可以手工输入，也可以通过拖动对话框里的滑块来设置。在设置完成后，别忘了单击"确认"按钮，如图 4-31 所示。

图 4-31 设置参数

【程序示例】

程序示例如图 4-32 所示，这个程序好长啊！别忘了我们对付长程序的法宝——"复制"工具！

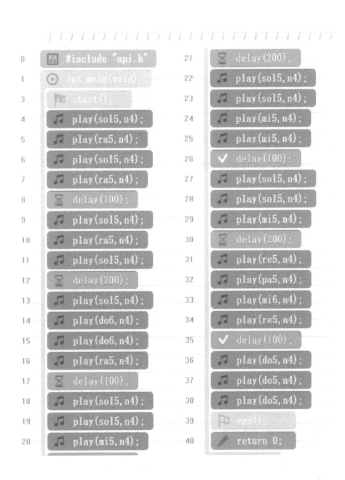

图 4-32　程序示例

4.3.3　数据与数据类型

前面的 play 和 delay 命令后面都有圆括号，现在我们知道是用来配置参数的。那么，这些参数都是什么呢？是音符、节拍、时间。其实，这些参数都是数据，机器人程序的主要工作就是处理各种数据。本节我们就来介绍程序中的数据。在机器人程序中可以使用两种数据——常量和变量[12]。常量稳如泰山，变量灵活多变，它们共同构成程序中的全部数据。

1. 常量与变量

1）稳如泰山的常量

常量是指在程序中数值固定不变的量。常量可以有名字，也可以直接使用数值。例如，play 命令中有两个参数，一个表示音符，另一个表示节拍。其实它们都是常量，do5 固定发出"哆"的声音，n8 是 1/8 拍，do5 和 n8 是名字，具体数值被隐藏了。delay 命令的参数更是直接使用了数值，100 就表示 100 毫秒。常量可以直接使用数值，也可以通过 #define 命令定义。

【格式】

#define 常量名 常量值

【举例】

#define PI 3.14

【说明】

（1）一旦定义了常量，常量名就代表常量值了，直到程序结束。

（2）#define 表示常量定义开始了。

（3）常量名可以自己确定，但必须是一个合法的标识符。合法的标识符由一个或多个字母、数字、下画线组成，以字母、下画线开头（不能以数字开头），不能是系统中已有的名字（如 define、play 等）。另外，标识符严格区分大小写，即"a"和"A"是不同的。

（4）建议使用拼音或英文单词命名常量。

（5）常量值可以是一个数，也可以是一个算式，如下定义是正确的：

#define　　n8　　　4*3*4

（6）常量定义结束时不能加分号。

（7）在 GULC 的"功能列表"中，第一个积木块"#define"就是常量定义，如图 4-33 所示。注意，设置完参数后，别忘了单击"确认"按钮。

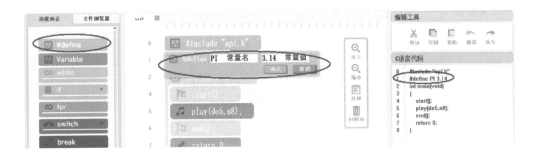

图 4-33　GULC 中的常量定义

2）灵活多变的变量

变量是指在程序中数值可以改变的量，类似于数学中的变量。每个变量由变量名和变量值两部分构成，可以通过变量名获得或修改变量值。可以把变量想象成旅馆的房间，如图 4-34 所示，每个房间都有一个编号（变量名），每个房间里都住着一个客人（变量值），可以通过房间号找到这个房间里的客人，并且每天每个房间里的客人可以不同。

图 4-34　变量就像旅馆的房间

变量的定义如下。

【格式】

数据类型 变量名 1[= 值 1, 变量名 2= 值 2,…];

【举例】

int a;// 定义一个整数型变量 a

int a=3;// 定义一个整数型变量 a，并且给它赋值 3

int a,b=5;// 定义两个整数型变量 a 和 b，并且给 b 赋值 5

【说明】

（1）在程序中用到的变量要"先定义后使用"。也就是说，如果要用某个变量，就必须先定义它。另外，定义过的变量就不能再定义了。

（2）数据类型表示变量的特征。

（3）变量名应是一个合法的标识符，这与常量的定义是一样的。

（4）方括号"[]"表示可以省略。也就是说，可以定义一个变量，也可以定义多个变量；既可以给变量赋值，也可以不赋值。

（5）变量定义一定要以分号结束。在举例中，分号后面以双斜线"//"开头的部分为注释，起到解释说明的作用。

（6）在 GULC 的"功能列表"中，第二个积木块"Variable"是变量定义，如图 4-35 所示。注意，设置完参数后，别忘了单击"确认"按钮。

2. 基本数据类型

在前面介绍变量时，提到了数据类型，数据类型说明了数据的特征。C 语言中的基本数据类型主要有 3 种：字符型（char）、整数型（int）和实数型（float）。

字符型数据是一个 ASCII 码字符，用 char 表示字符型。如图 4-36（a）所示，每个字符型变量占用 1 字节（8 个二进制位）存储空间。

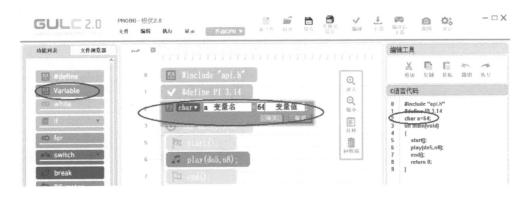

图 4-35　GULC 中的变量定义

字符型变量可以这样定义：

$$char\ ch='a';$$

也可以这样定义：

$$char\ ch=97;$$

上述两个定义的意思是一样的。为什么呢？还记得 ASCII 码的特性吗？用数字编码表示字符，'a' 的 ASCII 码是 97，所以定义 'a' 和定义 97 是一样的字符型保存的是 ASCII 码。

整数型简称"整型"，对应的数据是整数，也就是没有小数点的数，如 123、432 等，用 int 表示整型。如图 4-36（b）所示，在机器人系统中，通常一个整型变量占用 4 字节存储空间。

实数型简称"实型"，对应的数据是实数，可以有小数点，如 3.14、432.0 等，用 float 表示实型。如图 4-36（c）所示，在机器人系统中，通常一个实型变量也占用 4 字节存储空间。

在 GULC 中，只支持字符型和整型数据而没有实型数据。如图 4-37 所示，除基本整型和字符型数据外，GULC 还支持一些扩展的整型和字符型数据，大家可以试着自己去探索。

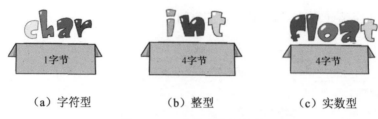

| （a）字符型 | （b）整型 | （c）实数型 |

图 4-36　三种基本数据类型

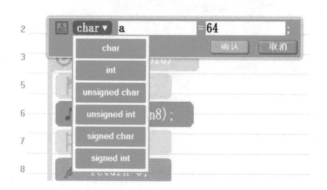

图 4-37　GULC 中的数据类型

4.4　机器人跳舞——马达控制和数据运算

"动动腿，摆摆手，大家一起来跳舞！"教育机器人除了能唱歌，还能跳舞。机器人跳舞离不开马达。在第 2 章中我们介绍过马达（电机）。在教育机器人中有两类马达——DC马达和伺服马达。DC马达可以转圈，用它带动轮子来构成机器人的行走机构再合适不过了；伺服马达不能转圈，只能按固定角度旋转，这很像人类胳膊上的关节。两类马达分工合作，可以完成机器人的全部动作。

怎么样？想不想知道如何控制马达，让机器人按照你的想法运动？下面我们就来说说两类马达的控制命令。

4.4.1 动动腿——DC 马达动起来

教育机器人的腿部功能主要由轮子或履带承担。DC 马达又称直流马达，可以控制轮子或履带转动，构成机器人的行走机构。DC 马达要连接在 CPU 板上的马达专用接口上，普通 CPU 板最多可以连接 4 个 DC 马达，左右各两个。控制 DC 马达的是 wheel 命令。

1.wheel 命令的含义

【格式】

wheel(左马达转动强度 , 右马达转动强度);

【举例】

wheel(20,20);

【说明】

（1）wheel 命令用于控制机器人 DC 马达旋转。

（2）如何确定是左马达转动还是右马达转动，是前进还是后退呢？

在 wheel 后面有一对圆括号，上述问题的答案就在这对圆括号里。圆括号里有一个逗号，它前面的数字表示左马达转动强度，后面的数字表示右马达转动强度。数字范围为 -20 ～ 20。

数字"20"，表示马达顺时针旋转，即正数表示前进。

数字"-20"，表示马达逆时针旋转，即负数表示后退。

（3）同样不要忘记，语句结尾要有分号。

（4）在 GULC 的"功能列表"中，"DC motor"中的"wheel"积木块就是 wheel 命令，如图 4-38 所示。

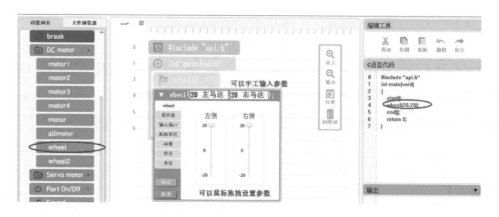

图 4-38　GULC 中的 wheel 命令

2. 机器人跳舞

了解了 wheel 命令，大家一定迫不及待地想试一下，可是连接好"马达专用接口"的 DC 马达却没有反应。这是怎么回事呢？

原来必须满足下面两个条件，DC 马达才肯工作。

（1）机器人必须连接电池盒。

有的同学在"玩"play 命令的时候尝到了甜头，按编程步骤完成后，不拔 USB 程序下载线，照样可以让 CPU 板演奏，可是这在"玩"wheel 命令时不灵了。这是为什么呢？原来，只靠 USB 程序下载线提供电源会使机器人电压不足，所以 wheel 命令"罢工"了。怎么办呢？其实很简单，当用 wheel 命令控制 DC 马达时，机器人只需断开 USB 程序下载线，连接电池盒就可以了，当然电池盒里要有电池哦。

（2）wheel 命令必须与 delay 命令成对使用。

wheel 命令虽然能够启动 DC 马达，可是该转动多久呢？机器人无从得知，所以它只好"罢工"了。怎么办？有请重量级"嘉宾"——delay 命令出场！对了，就是那个延时命令，在这里它与 wheel 命令搭配，用于控制 DC 马达的转动时间，如图 4-39 所示。

那有没有让 DC 马达一直转动的命令呢？当然有了，不过在这里要卖个关子，后面再说。

图 4-39　wheel 命令与 delay 命令搭配使用

DC 马达除了可以控制机器人前进，还可以控制它后退、左转、右转。图 4-40 给出了 DC 马达的动作合集。有了这些操作，我们想让机器人怎么跳舞都行。

（a）前进1秒　　　　（b）后退1秒　　　　（c）前进左转弯1秒

（d）前进右转弯1秒　　（e）后退左转弯1秒　　（f）后退右转弯1秒

（g）左旋转1秒　　　（h）右旋转1秒　　（i）左、右马达停止1秒

图 4-40　DC 马达的动作合集

4.4.2　摆摆手——伺服马达听话了

机器人跳舞怎么能少得了摆臂动作呢？伺服马达又称"舵机"，它只能按固定角度旋转，非常适合用来实现机器人摆臂动作。当然它的功能还有很多，那些不需要转圈的运动

几乎都可以由伺服马达完成，大家可以自己探索。

伺服马达要想工作，必须先连接到 CPU 板上 B1 ～ B4 中任意一个输出端口上，然后用 servo1 ～ servo4 命令控制。sever1 命令控制 B1 口的伺服马达，sever2 命令控制 B2 口的伺服马达，依此类推。

这里，我们以 B1 口的伺服马达控制命令——servo1 命令为例，介绍伺服马达控制命令的用法，其他命令与此相同。

1.servo1 命令的含义

【格式】

servo1(转动的角度);

【举例】

servo1(50);

【说明】

（1）servo1 表示控制伺服马达 1，即连接在 B1 口上的伺服马达工作。

（2）在 servo1 后面的圆括号里，数字"50"表示伺服马达转动的角度。伺服马达转动角度的范围是 1°～ 100°，如图 4-41 所示。servo1(100) 表示伺服马达转到最大角度 100°，servo1(1) 表示转到最小角度 1°，servo1(0) 表示伺服马达停止工作。

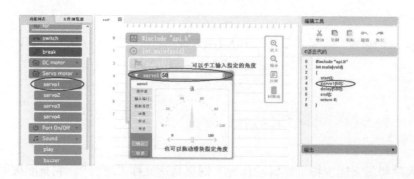

图 4-41　GULC 中的伺服马达控制命令

（3）servo 命令语句写完后，要加上分号作为语句结束的标志。

（4）在 GULC 的"功能列表"中，"Servo motor"中的"servo1"积木块、"servo2"积木块、"servo3"积木块、"servo4"积木块分别控制连接在 B1 ～ B4 口上的伺服马达，如图 4-41 所示。

2. 伺服马达动起来

跟 DC 马达控制命令一样，只有 servo1 命令，机器人是不会摆手的，因为此时机器人不知道该摆动多长时间，这就需要 delay 命令。前面介绍过，它是延时命令，servo1 命令和 delay 命令搭配使用，才能让机器人成功动起来，如图 4-42 所示。

注意：伺服马达也要靠电池盒供电才能工作。

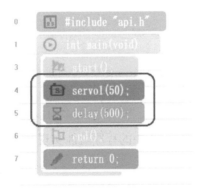

图 4-42　servo1 命令与 delay 命令的组合

满足了上面两个条件，启动机器人，伺服马达就可以工作了。可它只在第一次启动机器人时动了一下，下次启动就又罢工了。这是为什么？

原来，这与 servo1 命令的功能有关，servo1 命令的功能是"控制马达转到指定角度"。想一想，假设第一次执行 servo1(50) 命令已经控制马达转到了 50°，那么第二次执行 servo1(50) 命令时，马达已经在 50°位置了，它自然不会再转动了。

那么该如何让它每次都工作呢？这需要两组"servo1 和 delay"，如图 4-43 所示，第一组"servo1(1) 和 delay(1000)"控制伺服马达 1 转到 1°，第二组"servo1(100) 和 de-lay(1000)"控制伺服马达 1 转到 100°。这样每次启动程序，伺服马达都会先转到 1°，再转到 100°。

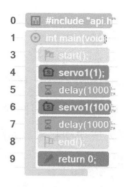

图 4-43　伺服马达动起来的程序

4.4.3　数据运算

伺服马达转动角度的范围为 1°～100°，那么有没有可能以 50° 为中心，让伺服马达前后摆动呢？当然可以了，图 4-44 中的程序就能实现这个目标。

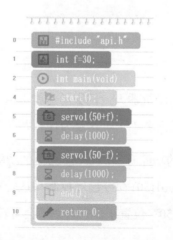

图 4-44　伺服马达控制程序

程序的第 1 行定义了一个整型变量 f，它的值为 30。

程序的第 5 行将 servo1 命令的参数定义为"50+f"，因为 f 的值为 30，所以第 5 行表示 50+30=80，也就是说，第 5 行代码等价于"servo1(80);"，表示伺服马达转到 80°。

程序的第 7 行将 servo1 命令的参数定义为"50-f"，等价于"servo1(20);"，表示伺服马达转到 20°。

这样马达一下转到 80°，一下转到 20°，是不是很像挥手的动作呢？

原来，伺服马达控制命令还可以这样"玩"，太神奇了！上述程序中的"50+f"和"50-f"是 C 语言中的运算式。机器人程序中除了可以有各种命令，还可以有各种运算，主要包括赋值运算、算术运算、关系运算、逻辑运算 4 种。

1. 赋值运算

赋值运算就是等于运算，是程序设计中应用最广泛的一种运算。各种运算的结果都是通过赋值运算送入变量的。最基本的赋值运算就是"="。

在数学中，等号是从左向右计算的，例如：

$$5+5= ? \rightarrow 5+5=10$$

在 C 语言中，等号是从右向左计算的，这是程序设计语言的特色。例如：

x=5+5 ; // 先计算 5+5，再把结果送给定义好的变量 x

我们来做一个赋值运算的经典程序设计。你知道怎么交换变量 a 和变量 b 的值吗？

先来看个小问题。小明有一杯牛奶，小亮有一杯橙汁。可是小明喜欢喝橙汁，小亮喜欢喝牛奶，而且他们都不习惯用别人的杯子，那么小明和小亮怎样才能喝到自己喜欢的饮料呢？

答案很简单，就是交换饮料。要想保证杯子不变而交换饮料，必须分 3 步，如图 4-45 所示。

第一步：找一个空杯子，把牛奶倒入空杯子。

第二步：把橙汁倒入原来装牛奶的杯子。

第三步：把牛奶倒入原来装橙汁的杯子。

这下，小明和小亮都能喝到自己喜欢的饮料了。

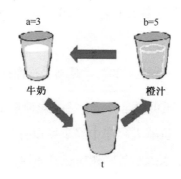

图 4-45　两个杯子中的饮料互换

交换两个变量的值也可以这样做。我们可以把变量看作杯子，变量的值看作饮料。除了变量 a（装牛奶的杯子）和变量 b（装橙汁的杯子），我们还需要一个变量 t（空杯子）。程序如下：

t=a；// 把牛奶倒入空杯子

a=b；// 把橙汁倒入原来的牛奶杯

b=t；// 把牛奶倒入原来的橙汁杯

看懂了吗？3 条赋值语句完成了两个变量值的交换。别忘了，程序设计中赋值运算是从右向左的。

这个程序在 GULC 中的实现如图 4-46 所示。程序中，"Variable" 积木块用于定义变量，前面已经讲过；"直接输入" 积木块用于输入赋值语句。程序完成后可以选择 "常用工具栏" 中的 "编译" 工具进行编译，在正常情况下，系统会给出 "编译成功" 的提示。

注意，输入语句时别忘了语句结尾的分号，它是语句结束标志，而且这个分号必须是英文符号而不能是中文符号，否则程序会编译失败。

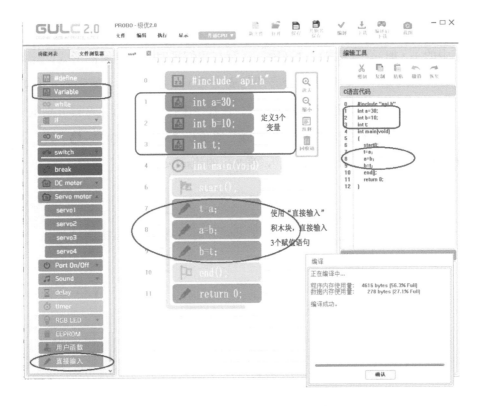

图 4-46　两个变量值交换的 GULC 实现

2. 算术运算

算术运算就是加、减、乘、除等数学运算，它是数学中最古老、最基础的部分。算术运算的结果是一个数值。程序中的基本算术运算主要有 7 种，见表 4-1。

表 4-1　程序中的基本算术运算

运算名称	加	减	乘	除	取余	自增	自减
运算符号	+	-	*	/	%	++	--

1）加、减、乘运算

程序中的＋（加）、−（减）、＊（乘）运算与我们平时做数学题的形式、规则基本一致。唯一要注意的是，在程序中乘号必须写成"＊"（星号），且不能省略。图 4-47 演示了加、减、乘运算在伺服马达控制中的应用。在程序中，第 1 行和第 2 行分别定义了变量 a=30 和 b=2，所以，第 6 行的"servo1(50+a);"等价于"servo1(80);"，第 7 行、第 9 行的"delay(1000*b);"等价于"delay(2000);"，第 8 行的"servo1(50-a);"等价于"servo1(20);"。

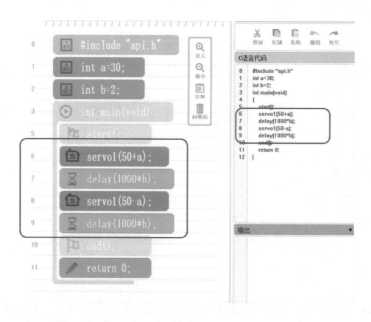

图 4-47　加、减、乘运算在伺服马达控制中的应用

2）除法与取余运算

／（除）和％（取余）运算一个是求除法的商，另一个是求除法的余数。让我们来看看数学中的除法运算。如图 4-48 所示，5÷2 的商为 2，5÷2 的余数为 1，在程序中，取除法的商可以写成"5/2"，取除法的余数可以写成"5%2"。

特别注意：C 语言规定，5/2 的结果是 2，而不是 2.5，这是因为被除数和除数都是整数，所以结果也必须是整数。

图 4-48 除法运算

图 4-49 演示了除法和取余运算在伺服马达控制中的应用。在程序中，第 1 行和第 2 行分别定义了变量 a=30 和 b=2，所以，第 6 行的 "servo1(50-(a%100));" 等价于 "servo1(20);"（这说明 30÷100 的商为 0，余数为 30）；第 7 行、第 9 行的 "delay(1000/b);" 等价于 "delay(500);"，第 8 行的 "servo1(50+(a%100));" 等价于 "servo1(80);"。

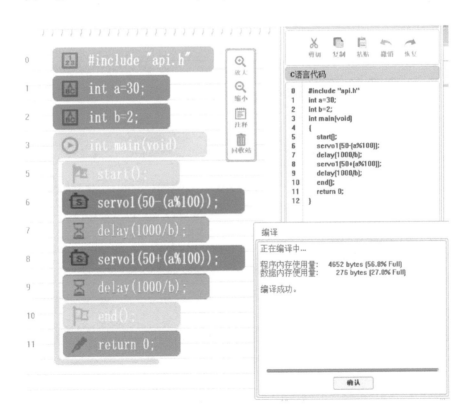

图 4-49 除法和取余运算在伺服马达控制中的应用

3）自增与自减运算

自增（++）运算表示变量本身加1的过程，自减（--）运算表示变量本身减1的过程。

有两种自增运算，即"++a"与"a++"，前者称为前缀自增，后者称为后缀自增。

有两种自减运算，即"--a"与"a--"，前者称为前缀自减，后者称为后缀自减。

前缀和后缀运算有一点区别，不过在机器人程序设计中可以忽略不计。

图4-50演示了自增运算在伺服马达控制中的应用。在程序中，第1行定义了变量a=30，所以，第5行的"servo1(a++);"等价于"servo1(30);"，然后a=a+1；第7行的"servo1(a++);"等价于"servo1(31);"，然后a=a+1；第9行的"servo1(a++);"等价于"servo1(32);"，然后a=a+1；第11行的"servo1(a++);"等价于"servo1(33);"，然后a=a+1。最后，a的值为34。

图4-50　自增运算在伺服马达控制中的应用

3. 谁是哥哥——关系运算

如图 4-51 所示，强强今年 12 岁，壮壮今年 9 岁，他俩谁是哥哥、谁是弟弟？你一定会说："这还不简单，强强是哥哥啊，因为强强的岁数大于壮壮的岁数。"回答正确！

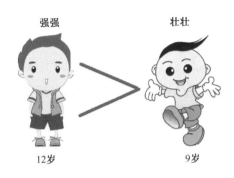

图 4-51 比年龄大小问题

从年龄上看，强强大于壮壮，壮壮小于强强。在 C 语言里，这也是一种运算，称为"关系运算"。

关系运算共分 6 种，见表 4-2。

表 4-2 关系运算

运算名称	大于	大于或等于	小于	小于或等于	等于	不等于
运算符号	>	>=	<	<=	==	!=

关系运算的结果只能是真或假，如图 4-52 所示。在 C 语言中关系运算的结果用"1"表示"真"，用"0"表示"假"。举例如下：

5>3 的结果是 1。

5<3 的结果是 0。

5>=5 的结果是 1。

5<=5 的结果是 1。

5==3 的结果是 0。

5!=3 的结果是 1。

图 4-52　关系运算的结果只能是真或假

在关系运算中需要注意以下几点。

（1）">=" 和 "<=" 分别表示 "大于或等于" 和 "小于或等于"，不能写成 "=>" 和 "=<"。

（2）"=="（双等号）表示比较两个数是否相等，"="（单等号）表示赋值。

4.真真假假——逻辑运算

贝贝是个非常喜欢运动的小朋友，每个星期四只要是晴天，他都会去打篮球，如图 4-53 所示。今天是星期四，外面大雨哗哗下，他去打篮球了吗？没有。为什么呢？

图 4-53　贝贝打球问题

因为"今天是星期四"为真，"今天是晴天"为假，要去打球一定是两个条件都为真才行，现在有一个条件为假，所以他没去！这就是最简单的逻辑运算了。

逻辑运算（Logical Operators）是判断"真"和"假"的运算，当逻辑成立时为"真"，当逻辑不成立时为"假"。在机器人的大脑中逻辑运算用"非 0"表示"真"，用"0"表示"假"。这与关系运算有点不一样，关系运算的结果用"1"表示"真"，用"0"表示"假"。

基本逻辑运算有 3 种，分别是与运算、或运算和非运算。下面一一介绍。

1）我和你——与运算

与运算是判断两个逻辑之间真假的运算，它的运算符号有很多种。这里，我们用"&&"表示与运算符。

与运算的口诀是"有假为假，全真为真"，它的意思是当两个逻辑同时为真时，结果才为真；当两个逻辑有一个为假或全为假时，结果就为假。

如果我们用 A 和 B 表示两个逻辑，则可得到表 4-3 中的与运算规则。

表 4-3　与运算规则

A	B	A&&B
0（假）	0（假）	0（假）
0（假）	1（真）	0（假）
1（真）	0（假）	0（假）
1（真）	1（真）	1（真）

将表 4-3 简化一下，可以写成：

0&&0=0

0&&1=0

1&&0=0

1&&1=1

你发现了吗？这跟算术运算中的乘法很像。对了，与运算又称"逻辑乘法"。

2）我或你——或运算

或运算也是判断两个逻辑之间真假的运算，我们用"||"表示或运算符。

或运算的口诀是"有真为真，全假为假"，它的意思是当两个逻辑中有一个为真或全为真时，结果就为真；当两个逻辑同时为假时，结果才为假。

同样地，我们用 A 和 B 表示两个逻辑，则可得到表 4-4 中的或运算规则。

表 4-4　或运算规则

A	B	A||B
0（假）	0（假）	0（假）
0（假）	1（真）	1（真）
1（真）	0（假）	1（真）
1（真）	1（真）	1（真）

将表 4-4 简化一下，可以写成：

0||0=0

0||1=1

1||0=1

1||1=1

这跟算术运算中的加法有点像，所以或运算又称"逻辑加法"。

3）非运算

非运算是对一个逻辑进行判断的运算，我们用"!"表示非运算符。

非运算的口诀是"非真为假，非假为真"。非运算规则见表 4-5。

表 4-5　非运算规则

A	!A
0（假）	1（真）
1（真）	0（假）

将表 4-5 简化一下，可以写成：

!0=1

!1=0

这不就是"取反"吗？对了，非运算又称"取反运算"。

5. 运算优先级

如图 4-54 所示，如果在一次计算中既有算术运算，又有逻辑运算，还有关系运算，那么应该先算哪个，后算哪个？

这涉及运算优先级的问题。运算优先级是指运算的先后顺序。C 语言中的运算优先级说明如下。

（1）括号的优先级最高。

（2）一个操作数的运算优先级高于两个操作数的运算优先级，如自增、自减、逻辑非等。

（3）对于两个操作数的运算，优先级从高到低依次为算术、关系、逻辑、赋值。

（4）算术运算中先做乘、除、模运算，后做加、减运算。

（5）同级别采用自左向右的顺序。

对于图 4-54 中的例子，根据规则（2），"!"是只有一个操作数的逻辑非运算，所以首先计算"!a"；然后根据规则（3），先找算术运算，发现有两个"!a+b"和"d+e"，根据规则（5），先算前者；最后，根据规则（3），先做关系运算，再做逻辑运算。只要花点工夫，就一定可以弄清楚！

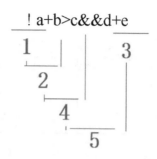

图 4-54　运算优先级举例

4.5　LED 控制和程序结构

4.5.1　一闪一闪亮晶晶——on/off 命令

LED 板是由会发光的二极管构成的。二极管点亮和熄灭就形成了 LED 板的闪烁效果。如何让 LED 板闪烁呢？还记得吗，LED 板通过三针排线连接到 CPU 板的输出端口 B1～B4 上，我们只需要控制 B1～B4 口，就可以控制 LED 板的闪烁了。

1.on/off 命令的含义

【格式】

on(B1[+B2+B3+B4]);

off(B1[+B2+B3+B4]);

【举例】

on(B1);

off(B1);

【说明】

（1）在使用 on/off 命令之前，一定要确保 LED 板已经通过三针排线连接了 CPU 板的指定端口。

（2）格式中的方括号表示可选项，也就是说它里面的内容可以有，也可以没有。

（3）on 与 off 是一对好伙伴。on 表示打开输出端口，off 表示关闭输出端口。on/off 后面的括号内是要控制的 CPU 板输出端口号（B1、B2、B3、B4）。

（4）在 GULC 的"功能列表"中，"Port On/Off"（端口开 / 关）中有"on"和"off"两个积木块，分别对应 on 与 off 命令，可以通过对话框设置 on/off 命令的参数，如图 4-55 所示。

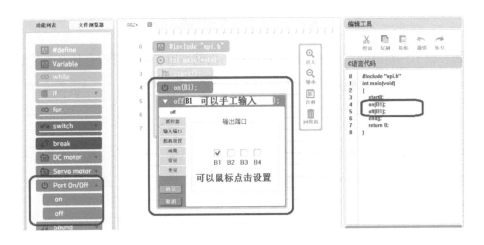

图 4-55　on/off 命令的使用

2. 机器人 LED 板闪烁

只使用 on/off 命令开启 / 关闭端口，LED 板是不会工作的，因为机器人不知道该点亮或熄灭多长时间。这时，又要请我们的"大明星"——delay 命令出场了。on/off 命令与 delay 命令联合起来，才能使 LED 板工作。

如图 4-56 所示是让 LED 板闪烁 0.5 秒（点亮 0.5 秒，然后熄灭）的程序。

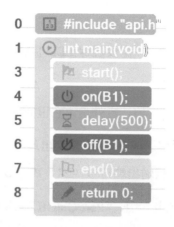

图 4-56　LED 板闪烁程序举例

4.5.2　玩出新花样——机器人程序结构

前面介绍了一些机器人程序，都是只执行一次就结束了的。有没有什么办法能让机器人程序一直执行或有选择地执行呢？当然有了，这就涉及本节的重点——机器人程序结构。

1. 集体登场——3 种程序结构

为解决各种问题，机器人程序可以采用 3 种控制结构，即顺序结构、选择结构和循环结构，如图 4-57 所示为 3 种程序结构的流程图。所谓"流程图"是表示程序工作过程的一种框图。

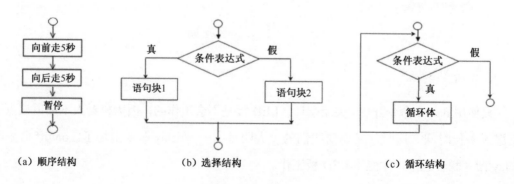

图 4-57　3 种程序结构的流程图

顺序结构表示程序从上到下逐条执行，我们前面给出的程序都是这种结构；选择结构根据条件选择语句块 1 或语句块 2 来执行，就是选择部分语句来执行；循环结构是反复执行的，其中循环体就是要反复执行的命令组合。

2. "憨厚"的顺序结构

之所以说顺序结构很"憨厚"，是因为它没有任何控制命令，总是老老实实地从上到下一条一条执行程序，专业术语是"自顶向下"执行。机器人程序默认都是顺序执行的。

我们前面介绍的程序都是顺序结构。下面给出一个控制机器人前进 5 秒、后退 5 秒的例子。

首先做好机器人，安装好轮子，把 DC 马达接到 CPU 板的马达专用接口上。好了，开始编程了！具体程序如图 4-58 所示。

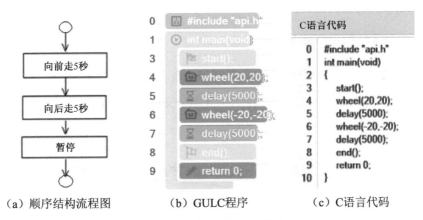

    （a）顺序结构流程图　　　　（b）GULC程序　　　　（c）C语言代码

图 4-58　顺序结构程序示例

在执行这个程序后，机器人就会先前进 5 秒，再后退 5 秒。在这个程序中，主体没有任何多余的语句，只有对 DC 马达的控制和延时命令。这就是"憨厚"的顺序结构！

3. 灵活的选择结构

如图 4-59 所示，某天，机器人课老师发布了一条消息："如果明天天气晴朗，我们就在操场上上机器人课，否则，我们就在教室里上机器人课。"

（a）操场机器人课　　　　　（b）教室机器人课

图 4-59　机器人课程安排

在这个例子中，对于明天在哪里上机器人课有两种选择：操场上或教室里。这两种选择不能同时实现，具体选择哪种还要看条件，即天气是否晴朗。这就是选择结构，即根据条件选择一种情况。是不是很灵活呢？

选择结构又称分支结构，意思是有多个分支流程可以选择。分支结构主要有 3 种：单分支结构、双分支结构和多分支结构。

用于分支结构的控制命令包括 if 命令和 switch 命令。由于 switch 命令的功能完全可以由 if 命令实现，所以本书仅以 if 命令为例介绍分支结构。

1）单分支结构

单分支结构，顾名思义就是只有一个分支的结构，根据条件判断，满足条件就执行这个分支，不满足条件就绕过这个分支向下执行。

单分支结构如图 4-60 所示。

【说明】

（1）图 4-60（a）为单分支流程图，执行流程如下：当条件表达式结果为"真"时，执行语句块 1，然后执行后面的语句；当结果为"假"时，不执行语句块 1，直接执行后面的语句。

（2）图 4-60（b）是 C 语言中的单分支控制语句。if 的本意是"如果"，在这里是分支结构控制命令之一；条件表达式的结果只能是"真"或"假"；语句块可以是一条语句（命令），也可以是多条语句（命令），如果有多条语句，需要把这多条语句放在一对花括号"{ }"中。

（3）图 4-60（c）是 GULC 中的单分支积木块，它在"功能列表"中的第四组。

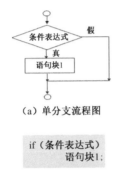

（a）单分支流程图

if（条件表达式）
　　语句块1；

（b）C 语言中的单分支控制语句

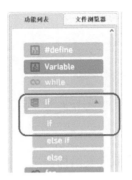

（c）GULC中的单分支积木块

图 4-60　单分支结构

下面举一个单分支结构的例子——根据两个变量的大小判断 LED 灯是否闪烁。首先将 LED 灯连接到 CPU 板的 B1 口上，然后进行 GULC 编程。程序如图 4-61 所示，将程序编译并下载到CPU 板上后，启动机器人，发现LED灯闪烁了1秒。GULC程序的含义如下。

第 1 行定义变量 a=30。

第 2 行定义变量 b=20。

第 6～10 行编写了一个单分支 if 命令。

第 6 行判断条件"a>b"的真假，根据第 1、2 行的定义，我们知道这个条件是真的，因此会继续执行"if"积木框里的命令。

咦，怎么没有第 7 行呢？对比 C 语言程序代码可以发现，第 7 行实际上是花括号，对应"if"积木框，所以在 GULC 程序区中没有显示。

第 8～10 行的作用是让 LED 灯闪烁 1 秒。

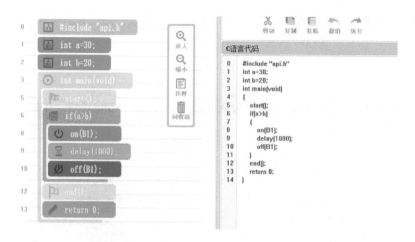

图 4-61　单分支程序举例

接着，我们来看双分支结构。

2）双分支结构

双分支结构，就是有两个语句块（两个分支）的结构，可以根据条件选择一个语句块执行。这跟我们前面举的例子——"根据天气条件选择在操场或教室里上机器人课"有些相似。

双分支结构如图 4-62 所示。

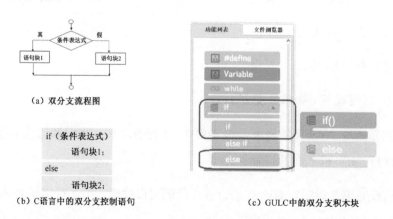

（a）双分支流程图

```
if（条件表达式）
    语句块1;
else
    语句块2;
```

（b）C语言中的双分支控制语句

（c）GULC中的双分支积木块

图 4-62　双分支结构

【说明】

（1）双分支结构与单分支结构不同的是增加了"else"（否则）积木框。当"if"积木框中的条件为真时，执行"if"积木框中的命令；当"if"积木框中的条件为假时，执行"else"积木框中的命令。

（2）千万要注意，图 4-62（c）中 GULC 中的"if"和"else"是并列关系。也就是说，要在"if"积木框外面增加"else"，不能把"else"放在"if"积木框里面。

我们再来看一个双分支结构的例子——根据两个变量的大小判断 LED1 和 LED2 哪个闪烁。首先将两个 LED 灯分别连接到 CPU 板的 B1、B2 口上，即 LED1、LED2，然后开始编程。程序如图 4-63 所示，将程序编译并下载到 CPU 板上后，启动机器人，发现 LED2 闪烁了 1 秒。GULC 程序的含义如下。

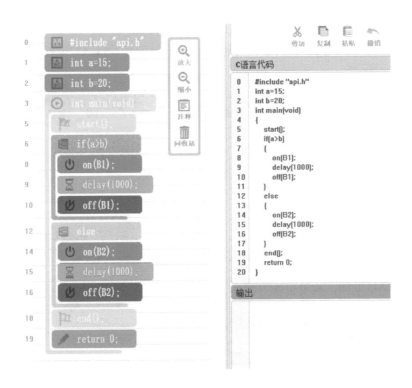

图 4-63　双分支程序举例

第1行、第2行分别定义变量 a=15 和 b=20。

第6～10行判断条件，当 a>b 为真时，执行 LED1 闪烁命令。

第12～16行表示当 a>b 为假时，执行 LED2 闪烁命令。

由于指定了变量值，使得 a>b 为假，所以执行"else"积木框中的命令。我们可以修改变量的值，试着控制 LED1 闪烁。

还是太简单了？再加大难度，我们来看多分支结构。

3）多分支结构

贝贝是个聪明好学的孩子，妈妈给他报了很多兴趣班，如图 4-64 所示，星期一学习音乐、星期二学习美术、星期三学习篮球、星期四学习数学、星期五学习英语、星期六学习编程、星期日学习机器人。猜一猜他今天该学什么？

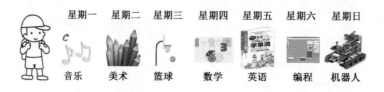

图 4-64　贝贝上课问题

如果今天是星期一，则贝贝学习音乐。

如果今天是星期二，则贝贝学习美术。

如果今天是星期三，则贝贝学习篮球。

如果今天是星期四，则贝贝学习数学。

如果今天是星期五，则贝贝学习英语。

如果今天是星期六，则贝贝学习编程。

如果今天是星期日，则贝贝学习机器人。

这就是多分支结构，虽然有很多分支，但满足某个特定条件（本例中是时间）时只能完成一种任务（本例中是学习一门课程）。

多分支结构，就是把多个双分支或单分支套在一起，专业术语叫"嵌套"。

这里以三分支结构为例，如图 4-65 所示。

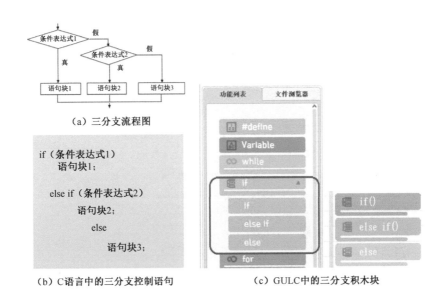

(a) 三分支流程图

(b) C 语言中的三分支控制语句　　(c) GULC 中的三分支积木块

图 4-65　三分支结构

【说明】

（1）else if 的意思是，当上一个条件为假时判断新条件。可以有多个 else if 积木框。

（2）三分支结构的意思是，如果条件 1 为真，则执行语句块 1；否则（条件 1 为假）判断条件 2，如果条件 2 为真，那么执行语句块 2，否则（条件 1 为假，条件 2 为假）执行语句块 3。

我们把前面的双分支例子再扩展一下，根据两个变量的大小判断 LED1、LED2 和 LED3 哪个闪烁。首先将 3 个 LED 灯分别连接到 CPU 板的 B1、B2、B3 口上，即 LED1、LED2、LED3，然后开始编程。由于程序太长，我们截取其中的关键部分，如图 4-66 所示，将程序编译并下载到 CPU 板上后，启动机器人，试试看哪个 LED 灯闪烁。GULC 程序的含义如下。

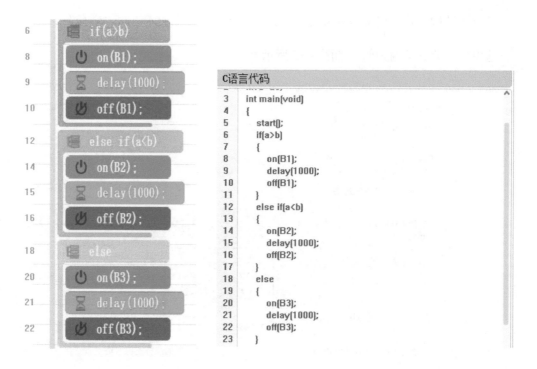

图 4-66　三分支程序举例

第 6 ～ 10 行是当 a>b 为真时，执行 LED1 闪烁命令。

第 12 ～ 16 行是当 a>b 为假，a<b 为真时，执行 LED2 闪烁命令。

第 18 ～ 22 行是当 a>b 为假，a<b 为假时（a=b 为真），执行 LED3 闪烁命令。

4. "执着"的循环结构

循环结构真的很"执着"，只要给定条件为真，机器人就会反复执行命令，直到给定条件为假时结束。如果给定条件永远为真会怎么样？在这种情况下，机器人会一直反复执行命令，直到关机或没电。

C 语言中共有 4 种循环控制语句：while 循环、for 循环、do-while 循环、if-goto 循环。

根据机器人程序的特点，本书重点介绍 while 循环和 for 循环。

1）while 循环

while 循环又称"当型循环"，它的意思是当条件为真时，反复执行命令；当条件为假时，退出循环。

在机器人程序中最常用的是 while(1) 循环。在 C 语言中"1"表示真，"while(1)"表示循环控制条件永远为真，循环命令永远执行。只有当机器人关机或没电时，它才会停下来，真够"执着"的。

前面在介绍 DC 马达编程时，曾提出一个问题：如何让 DC 马达一直工作呢？现在就来回答这个问题。让 DC 马达一直工作的程序如图 4-67 所示。

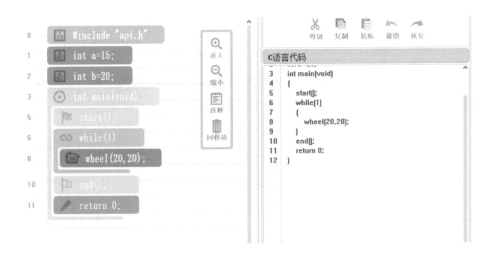

图 4-67　while 循环编程举例

咦，好像少了一个 delay 语句？这样可以吗？当然可以，因为我们已经告诉机器人永远执行命令，自然就不用控制轮子转动的时间了。

在大多数机器人程序中，while(1) 都是必要的，因此可以把它看作一种机器人程序的固定格式。

趣说机器人：中小学机器人科普读本

2）for 循环

与 while 循环不同，for 循环又称"次数型循环"，它的意思是其中的命令可以反复执行指定次数。

for 循环的格式如图 4-68 所示。

（a）格式　　　　（b）举例

图 4-68　for 循环的格式

让我们推算一下图 4-68 中这个循环会执行多少次。"i=0"表示循环变量的开始值为 0，"i<10"表示循环变量的结束值为 9，"i++"表示这个循环变量每次增 1。因此，这个循环会从 0 到 9，执行 10 次。

for 循环在 GULC 中的位置和设置如图 4-69 所示。注意，因为"for"积木块需要设置循环次数，因此通常要配合"Variable"积木块一起使用。

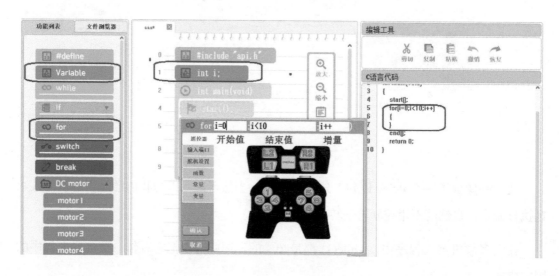

图 4-69　for 循环在 GULC 中的位置和设置

我们来完成一个控制机器人的 LED 灯闪烁 3 次的程序。首先还是将 LED 灯连接在 CPU 板的 B1 口上，然后开始编程。程序如图 4-70 所示，将程序编译并下载到 CPU 板上后，启动机器人，LED 灯闪烁了 3 次。

注意，在这个程序中，off 命令后面要加 delay（延时）命令，这是为什么呢？图 4-71（a）显示了 off 命令后面加 delay 命令的程序，图 4-71（b）显示了 off 命令后面不加 delay 命令的程序。对比后不难看出，在图 4-71（b）中，每个 off 命令后面都直接跟 on 命令，动作太快了，根本看不到灭灯。所以，off 命令后面要加 delay 命令。

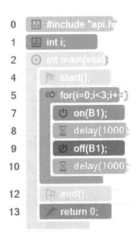

图 4-70 for 循环程序举例

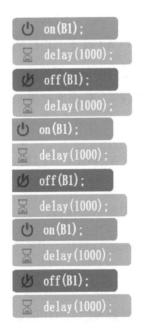

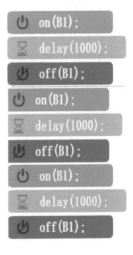

（a）off 命令后加 delay 命令控制 LED 灯　　（b）off 命令后不加 delay 命令

图 4-71 控制 LED 灯闪烁三次的程序

4.6 耳聪目明的机器人——传感器输入和数组

4.6.1 机器人传感器输入

到目前为止，我们的机器人能够唱歌、跳舞，心情好时还能"一闪一闪放光明"。不过，好像少了点什么？对了，它还不能听到、看到或感受到我们的要求。

机器人的输入设备是传感器。在第 2 章中我们介绍过传感器，包括红外传感器、声音传感器、碰撞传感器、遥控器等。它们是机器人的输入设备，要接在 CPU 板的输入端口（A1 ～ A4 口）上。传感器通常有两种状态，即"打开"和"关闭"。以碰撞传感器为例，当外力碰撞按键时，开关处于关闭（OFF）状态；当没有外力碰撞按键时，开关处于打开（ON）状态。其他传感器也是如此。

在程序中，传感器作为机器人的输入设备，会把我们的要求"告诉"机器人。其实，机器人程序根本不会分辨是什么传感器，只会接收 A1 ～ A4 这 4 个端口的信号。传感器连接端口后，端口会把传感器状态传递给程序。端口信号有两种，当传感器有输入时，端口信号为"真"；当传感器没有输入时，端口信号为"假"。程序通过检测端口信号的变化，来执行不同的命令。

如图 4-72 所示，我们把碰撞传感器连接到 CPU 板的 A1 口上，A1 口会把碰撞传感器状态传给程序。当按下传感器按键时，A1 口传输的信号为"真"，执行 LED1 闪烁命令；当没有按下传感器按键时，A1 口传输的信号为"假"，程序不会执行。

还有一点要记住，对传感器编程，程序中一定要有 while(1) 循环，用于反复检测输入。

我们再举个例子说明带传感器的多分支编程。

控制机器人动作，当按下碰撞传感器 1 的按键时，机器人的 LED1 闪烁 1 秒，当按下碰撞传感器 2 的按键时，LED2 闪烁，否则 LED1、LED2 全部熄灭。已知碰撞传感器 1 连接在 CPU 板的 A1 口上，碰撞传感器 2 连接在 CPU 板的 A2 口上，LED1 连接在 CPU 板的 B1 口上，LED2 连接在 CPU 板的 B2 口上。程序如图 4-73 所示。

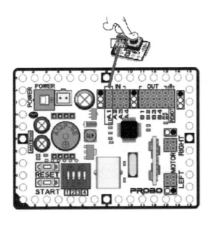
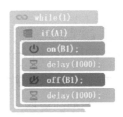

图 4-72　传感器程序举例

```
0     #include "api.h"
1     int main(void)
3     start();
4     while(1)
6       if(A1)
8         on(B1);
9         delay(1000);
10        off(B1);
11        delay(1000);

13      else if(A2)
15        on(B2);
16        delay(1000);
17        off(B2);
18        delay(1000);

20      else
22        off(B1+B2);

25    end();
26    return 0;
```

图 4-73　带传感器的多分支程序

4.6.2 特殊的数据类型——数组

"兄弟七八个，围着柱子坐，只要一分开，衣服都撕破——猜一种食物"，你知道是什么吗？对了，是大蒜，七八个兄弟就是蒜瓣。这跟数组很像，数组是一种特殊的数据类型，其中可以有多个数据，每个数据的类型都是一样的。有了数组，我们就可以一次定义多个类型相同的数据了！

在本章的第3节中，我们介绍了一些基本的数据类型——字符型（char）、整数型（int）和实数型（float），而数组实际上是这些基本数据类型的扩展。数组里可以有七八个甚至成百上千个相同类型的数据，如整型数组就是指数组里的数据全是整型的，字符数组就是指数组里的数据全是字符型的。

1. 数组的定义

【格式】

数据类型 数组名 [常数];

【举例】

int array[5];

【说明】

（1）数据类型可以是任意一种基本数据类型，表示数组里每个数据的类型。在上例中，"int"表示数组里的数都是整数。

（2）数组名是用户自己定义的名字，定义方法跟变量相同。在上例中，"array"就是数组名。

（3）方括号中的常数表示数组里的数据个数，称为数组的长度。在上例中，"5"表示数组里有5个数。

（4）在GULC中可以拖曳"Variable"积木块到程序区，然后双击鼠标左键定义数组，如图4-74所示。

图 4-74　数组的定义

2. 数组的使用

数组里有许多数，但一次只能取一个数来用。数组里的数称为"数组元素"。

【数组元素的格式】

数组名 [下标]

【举例】

array[0]

【说明】

（1）每个数组元素相当于一个变量，用数组名和下标来表示，在下标外要加上方括号。

（2）注意，下标从"0"开始而不是从"1"开始，所以具有 5 个元素的数组，其下标分别为 [0]、[1]、[2]、[3]、[4]。

（3）在 GULC 中，拖曳"Editing"（编辑）积木块到程序区，双击鼠标左键输入数组元素，如图 4-75 所示。

趣说机器人：中小学机器人科普读本

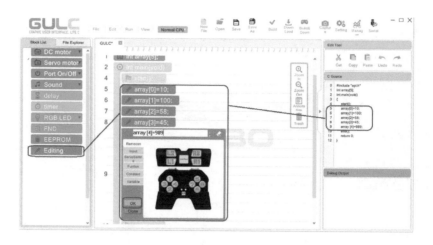

图 4-75　数组元素的使用

4.7　机器人控制命令大盘点

4.7.1　机器人控制命令总结

前面介绍了许多机器人控制命令，为了让大家更好地控制机器人，这一节我们来总结一下前面介绍过的机器人控制命令，具体如表 4-6 所示。

表 4-6　机器人控制命令

序　号	命令举例	功　能
1	play(do5,n8);	让CPU板上的蜂鸣器发出声音
2	delay(100);	延长时间0.1秒
3	wheel(20,20);	使DC马达前进
4	servo1(50);	使接在B1口上的伺服马达旋转
5	on(B1);	打开连接在B1口上的设备
6	off(B1);	关闭连接在B1口上的设备

大家只要记住这些命令并灵活应用，就能控制机器人了，是不是很"酷"？

190

4.7.2　函数的概念

还记得程序框架中的 main 吗？它叫作主函数，我们的程序都是写在主函数里的。什么是函数呢？在 C 语言中，函数就是实现某种功能的程序段。C 语言中规定，程序可以由许多函数组成（当然也可以只有一个函数），但一定要有一个主函数，程序要从主函数的开头语句开始执行，在主函数的结尾语句结束。

一个函数包含两部分——函数名和函数体。如图 4-76 所示，第 1 行的 main 是函数名，第 2 ～ 6 行是函数体，也就是程序段。

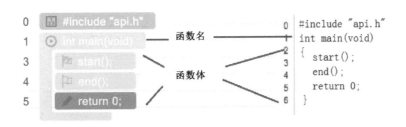

图 4-76　函数的构成

在一个程序段中还可以使用其他函数，如图 4-76 中的第 3 行 start() 和第 4 行 end() 就是函数。

我们所使用的命令都是函数，那么，为什么没有看到它们的程序段呢？原来这些命令早就由机器人开发工程师写好，然后包装了起来，我们在使用时，就像念咒语一样，只需要写出函数名，函数的功能就能实现了。对了，在使用这些函数之前还需要告诉计算机"函数的家庭住址"，机器人程序的第 0 行 #include〝api.h〞就是起这个作用的。api.h 被称为头文件，其中包括所有已经写好的机器人命令。

当然，我们也可以编写自己的函数，让每个函数实现一种程序功能，然后在主函数中使用它，这称为函数的模块化。由于机器人程序大多不包含自己编写的函数，所以这里就不多做介绍了，有兴趣的读者可以阅读其他专门讲程序设计的书籍。

我们都是小创客——机器人制作举例

前面我们学习了机器人的硬件组成和程序设计，这一章让我们开动脑筋，利用学过的知识，制作几个属于自己的机器人。

5.1 恐龙机器人

5.1.1 恐龙机器人简介

恐龙是大家最喜欢谈论的话题之一，它是那么神秘、霸气。下面，我们就一起制作恐龙机器人吧，恐龙机器人如图 5-1 所示。

恐龙机器人是 1 段机器人中的第 5 个，在外形上尽量模仿霸王龙，具有尖尖的牙齿和锐利的爪子，让人一看就爱不释手。

刚启动恐龙机器人时（需要按 6 下 CPU 板上的 START 键启动），它会傻乎乎地在那里，一动不动。为什么不动呢？原来恐龙机器人是一个非常听话的机器人，它的眼睛和脖子上共有 3 个碰撞传感器（左右眼各一个，脖子上一个），只有按下这些传感器，恐龙机器人才行动，而且是按一下动一步。如果不按碰撞传感器，它就不会动。

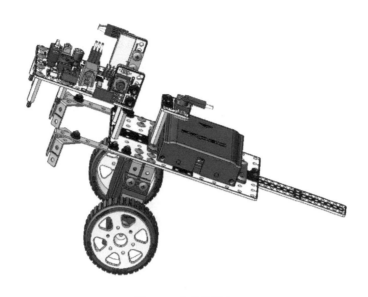

图 5-1　恐龙机器人

恐龙机器人身上的这 3 个碰撞传感器各有用处。当按下左眼的碰撞传感器时，它会向左转一下；按下右眼的碰撞传感器时，它会向右转一下；按下脖子上的碰撞传感器时，它会前进一步。如果想让恐龙机器人前进 4 步，然后向左转 3 下，再前进 4 步，我们就需要按脖子 4 下，然后按左眼 3 下，最后再按脖子 4 下。

这正是恐龙机器人的绝妙之处，它展示了程序的工作过程：大家输入一些命令，机器人存储这些命令，然后按照存储的命令进行工作。大家在玩机器人的过程中就能理解"存储程序"的概念了。

5.1.2　恐龙机器人的硬件搭建

好了，我们现在开始制作吧。恐龙机器人的制作需要 10 个步骤，图 5-2 中给出了恐龙机器人的制作说明，说明顺序就是制作顺序，表 5-1 中给出了各步骤制作所需要的零件。大家可以在图表指示的基础上发挥自己的想象力，创造属于自己的恐龙机器人，当然也可以按照说明书中给出的详细步骤进行制作，无论怎样，快乐是最重要的。

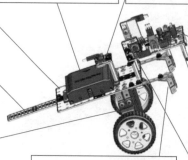

4.心脏为电池盒，固定在身体（主孔板）中部

5.脖子上是碰撞传感器，通过30毫米六棱柱连接在身体（主孔板）上

1.身体部分由主孔板构成，可以通过螺母和螺钉连接其他部分

2.尾巴是由3×15孔板构成的，连接在身体（主孔板）后方

3.行走机构由马达、轮子构成，通过2×3螺纹连接件连接在身体（主孔板）中部

7.头部是CPU板，通过30毫米六棱柱连接在身体（主孔板）上

8.牙齿有6个，4个短牙齿为10毫米六棱柱，2个长牙齿为20毫米六棱柱，连接在头部下方

6.爪子有2个，每个爪子由2×6连接件和2×2连接件构成，固定在身体（主孔板）前侧

9.眼睛有2个，由碰撞传感器组成，用2×2连接件连接在头部后方

10.连接电源线，左、右侧马达连至CPU板上指定的位置，左眼碰撞传感器连接A1口，右眼碰撞传感器连接A2口，脖子上的碰撞传感器连接A3口。在1段中，按一下主板上的POWER键接通电源，连续按六次START键启动机器人

图 5-2　恐龙机器人的制作说明

表 5-1　恐龙机器人各步骤所需零件说明

步　　骤	说　　　明	所需零件
1	身体部分由主孔板构成，可以通过螺母与螺钉连接其他部分	主孔板1个
2	尾巴是由3×15孔板构成的，连接在身体（主孔板）后方	3×15孔板1个，银螺钉（8毫米）2个，防滑螺母2个
3	行走机构由马达、轮子构成，通过2×3螺纹连接件连接在身体（主孔板）中部	L型2×3螺纹连接件4个，DC马达2个，轮子2个，金螺钉（5毫米）12个，银螺钉（8毫米）2个
4	心脏为电池盒，固定在身体（主孔板）中部	电池盒1个，银螺钉（8毫米）2个，金螺钉（5毫米）2个，防滑螺母2个
5	脖子上是碰撞传感器，通过30毫米六棱柱连接在身体（主孔板）中部	碰撞传感器1个，30毫米六棱柱2个，银螺钉（8毫米）2个，防滑螺母2个
6	爪子有2个，每个爪子由一个2×6连接件和两个2×2连接件构成，固定在身体（主孔板）前侧	L型2×6连接件2个，L型2×2连接件4个，银螺钉（8毫米）6个，防滑螺母2个

续表

步　骤	说　明	所需零件
7	头部是CPU板，通过30毫米六棱柱连接在身体（主孔板）上方	CPU板1个，L型2×2连接件 2 个，30毫米六棱柱2个，银螺钉（8毫米）4个，防滑螺母4个
8	牙齿有6个，4个短牙齿为10毫米六棱柱，两个长牙齿为20毫米六棱柱，连接在头部下方	10毫米六棱柱4个，20毫米六棱柱2个，金螺钉（5毫米）6个
9	眼睛有2个，由碰撞传感器构成，用2×2连接件连接在头部后方	碰撞传感器2个，银螺钉（8毫米）4个，防滑螺母4个
10	将电子元件连接在CPU板上，头部左侧碰撞传感器连接A1口，右侧碰撞传感器连接A2口，电池盒上方碰撞传感器连接A3口。连接电源线，左、右侧马达连至CPU板上指定的位置。按一下主板上的POWER键接通电源，连续按6次START键启动机器人	3P连接线5根

5.1.3　恐龙机器人的程序设计

搭建完恐龙机器人的身体，我们接下来设计一个程序让它动起来。已知恐龙机器人身上有 3 个碰撞传感器，左眼碰撞传感器连接在 CPU 板的 A1 口上，按下时机器人左转，用 LL 标识；右眼碰撞传感器连接在 A2 口上，按下时机器人右转，用 RR 标识；脖子上的碰撞传感器连接在 A3 口上，按下时机器人前进，用 FF 标识。

完整程序如图 5-3 所示，除固定框架外，由 4 部分构成，分别是数据定义、初始化操作、记录传感器信息、根据记录的信息控制机器人动作。

下面我们分别来了解一下程序各部分的具体含义。

1. 数据定义

数据定义分为常量定义和变量定义两部分，恐龙机器人程序中的第 2 ～ 7 行是数据定义部分，如图 5-4 所示。

趣说机器人：中小学机器人科普读本

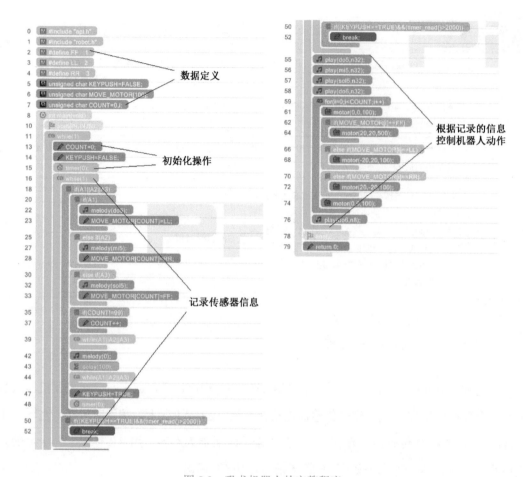

图 5-3　恐龙机器人的完整程序

图 5-4　数据定义部分

196

第 2、3、4 行是常量定义，分别定义了按下不同碰撞传感器时对应的标志，FF 表示前进，LL 表示左转，RR 表示右转。

第 5 行定义了 KEYPUSH 变量，用于判断是否按下了碰撞传感器，初始值为 FALSE，表示假，也就是说没有碰撞传感器被按下。

第 6 行定义了长度为 100 的数组 MOVE_MOTOR，它用来记录按下的不同碰撞传感器标志（FF、LL、RR），最多可以记录 100 下。

第 7 行定义了两个变量，COUNT 用于记录大家实际按下传感器的次数，初始值为 0；i 用于表示机器人移动的次数。

2. 初始化操作

初始化操作就是给变量一个初始值。程序的第 11 行给出了一个"while(1)"积木块，表示程序需要循环执行；程序的第 13、14、15 行是每次循环开始时初始化操作的语句，如图 5-5 所示。

咦，好像少了第 12 行？原来，当 while 循环里有许多语句时，要在循环开始处加一个花括号"{"，在循环结束处加对应的花括号"}"，消失的第 12 行就是循环开始处的花括号"{"。后面的程序中也有很多地方缺行，都是这个原因。

图 5-5　初始化操作部分

第 13 行初始化传感器按下次数 COUNT 为 0。

第 14 行初始化是否有传感器被按下为假。

第 15 行是一个函数调用，功能是设定一个计时器初值为 0。这个计时器是用于控制我们按碰撞传感器的时间的。

3. 记录传感器信息

程序段如图 5-6 所示，功能是用一个数组记录我们每次按下碰撞传感器的种类，最多按 100 次。

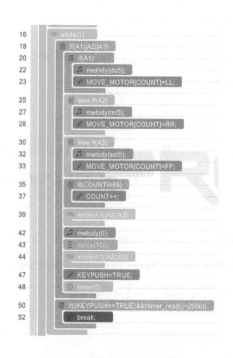

图 5-6　记录传感器信息部分

这部分程序由一个 while 循环构成，表示可以反复记录传感器信息。

第 18～49 行是一个选择结构程序段，表示连接在 A1、A2、A3 口上的传感器有一次输入时的操作。

第 20～24 行表示如果 A1 口（左眼碰撞传感器）有输入，那么发出"哆"的一声并把 LL 记入数组 MOVE_MOTOR。

第 25～29 行表示如果 A2 口（右眼碰撞传感器）有输入，那么发出"咪"的一声并把 RR 记入数组 MOVE_MOTOR。

第 30 ～ 34 行表示如果 A3 口（脖子上的碰撞传感器）有输入，那么发出"嗦"的一声并把 FF 记入数组 MOVE_MOTOR。

第 35 ～ 38 行表示如果 COUNT 小于 99（定义数组最多有 100 个元素 0 ～ 99），那么将按下次数 COUNT 加 1。

第 39 ～ 46 行表示控制两次按键的时间间隔为 100 毫秒（0.1 秒）。

第 47 行表示记录按下碰撞传感器为真。

第 48 行表示一次按键记录结束，将计时器清 0。

第 50 ～ 53 行表示如果已经记录按下传感器，并且 2000 毫秒（2 秒）内没有再次按下传感器，那么结束记录工作，break 是结束循环语句。

4. 根据记录的信息控制机器人动作

程序段如图 5-7 所示，功能是根据前面 MOVE_MOTOR 数组记录的值控制机器人前进、左转或右转的。motor 是控制 DC 马达转动的命令。

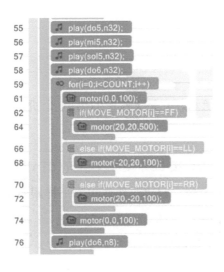

图 5-7　控制机器人动作部分

第 55 ～ 58 行表示播放一段旋律，机器人好像在说："我要开始工作了！"

第 59 ～ 75 行是一个 for 循环，表示机器人操作次数，这是由按下次数 COUNT 决定的。

第 61 行表示马达暂时停止工作。

第 62 ～ 65 行表示如果记录按键的数组中是 FF，那么机器人前进 0.5 秒。

第 66 ～ 69 行表示如果记录按键的数组中是 LL，那么机器人左转 0.5 秒。

第 70 ～ 73 行表示如果记录按键的数组中是 RR，那么机器人右转 0.5 秒。

第 74 行表示马达暂时停止工作。

第 76 行表示在操作结束后，机器人发出"哆"的一声，好像在说："胜利完成任务了！"

以上就是恐龙机器人的程序，它有点长，大家要有点耐心才能理解。

5.2 宠物狗机器人

5.2.1 宠物狗机器人简介

宠物狗机器人如图 5-8 所示，它是 1 段中的第 11 个机器人，也是大家非常喜欢的仿生机器人。

启动宠物狗机器人后（需要按 12 下 CPU 板上的 START 键启动），当你把手放在它的耳朵前晃来晃去时，它就会像一只"小跟屁虫"一样跟着你走，两个充当眼睛的 LED 灯还会一闪一闪的，仿佛在说："主人，我们一起玩吧！"这时，如果你弹一下它的鼻子，它就会胆小地向后退几步，仿佛在说："主人生气了，好可怕啊，我得躲躲。"

宠物狗机器人的最大特点是使用了 1 段全部种类的电子元件，如红外传感器、LED 板、

碰撞传感器等，应有尽有。作为 1 段中的最后一
个机器人，它不仅塑造了一个可爱的仿生宠物狗，
而且能帮助我们了解 1 段机器人的所有零件。

图 5-8　宠物狗机器人

5.2.2　宠物狗机器人的硬件搭建

宠物狗机器人的制作需要 9 个步骤，图 5-9
中给出了宠物狗机器人的制作说明，说明顺序就
是制作顺序，表 5-2 中给出了各步骤制作所需要
的零件。大家可以在图表指示的基础上发挥自己的想象力，创造属于自己的宠物狗机器
人，当然也可以按照说明书中给出的详细步骤进行制作。

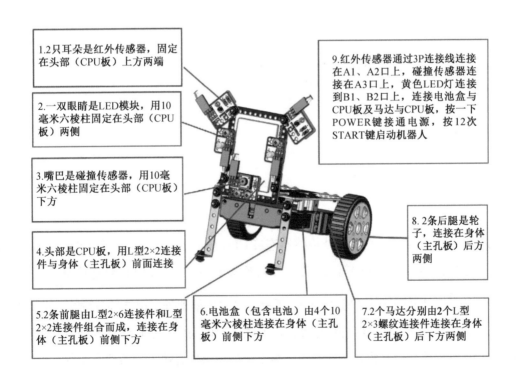

1.2只耳朵是红外传感器，固定在头部（CPU板）上方两端

2.一双眼睛是LED模块，用10毫米六棱柱固定在头部（CPU板）两侧

3.嘴巴是碰撞传感器，用10毫米六棱柱固定在头部（CPU板）下方

4.头部是CPU板，用L型2×2连接件与身体（主孔板）前面连接

5.2条前腿由L型2×6连接件和L型2×2连接件组合而成，连接在身体（主孔板）前侧下方

6.电池盒（包含电池）由4个10毫米六棱柱连接在身体（主孔板）前侧下方

7.2个马达分别由2个L型2×3螺纹连接件连接在身体（主孔板）后下方两侧

8.2条后腿是轮子，连接在身体（主孔板）后方两侧

9.红外传感器通过3P连接线连接在A1、A2口上，碰撞传感器连接在A3口上，黄色LED灯连接到B1、B2口上，连接电池盒与CPU板及马达与CPU板，按一下POWER键接通电源，按12次START键启动机器人

图 5-9　宠物狗机器人的制作说明

表 5-2　宠物狗机器人各步骤所需零件说明

步　骤	说　　明	所需零件
1	2只耳朵是红外传感器，固定在头部（CPU板）上方两端	红外传感器2个，CPU板1个，银螺钉2个，防滑螺母2个
2	2只眼睛是LED模块，通过10毫米六棱柱固定在头部（CPU板）两侧	黄色LED灯2个，10毫米六棱柱2个，金螺钉2个，防滑螺母2个
3	嘴巴是碰撞传感器，通过10毫米六棱柱固定在头部（CPU板）下方	碰撞传感器1个，10毫米六棱柱2个，金螺钉2个，防滑螺母2个
4	头部是CPU板，用L型2×2连接件与身体（主孔板）前面连接	主孔板1个，L型2×2连接件2个，银螺钉6个，防滑螺母6个
5	2条前腿由L型2×6连接件和L型2×2连接件组合而成，连接在身体（主孔板）前侧下方	L型2×6连接件2个，L型2×2连接件 2个，银螺钉8个，防滑螺母8个
6	电池盒通过4个10毫米六棱柱连接在身体（主孔板）前侧下方	电池盒1个，10毫米六棱柱4个，金螺钉4个，防滑螺母4个
7	2个马达分别由2个L型2×3螺纹连接件连接在身体（主孔板）后下方两侧	L型2×3螺纹连接件 4个，DC 马达2个，金螺钉16个
8	2条后腿是轮子，连接在身体（主孔板）后方两侧	轮子2个，银螺钉2个
9	红外口传感器通过3P连接线连接在A1、A2口上，碰撞传感器连接在A3口上，黄色LED灯连接到B1、B2上。连接电源线，将左、右侧马达连到CPU板上指定的位置。按一下POWER键接通电源，按12次START键启动机器人	3P连接线5根

5.2.3　宠物狗机器人的程序设计

已知宠物狗机器人的左耳红外传感器连接 CPU 板的 A1 口，右耳红外传感器连接 A2 口，鼻子碰撞传感器连接 A3 口，左眼 LED 灯连接 B1 口，右眼 LED 灯连接 B2 口。

宠物狗机器人的完整程序如图 5-10 所示，除固定框架外，由 7 部分构成，分别是数据定义、初始化操作、两耳红外传感器同时有输入时的动作、左耳红外传感器有输入时的动作、右耳红外传感器有输入时的动作、鼻子碰撞传感器有输入时的动作和所有传感器都没有输入时的动作。

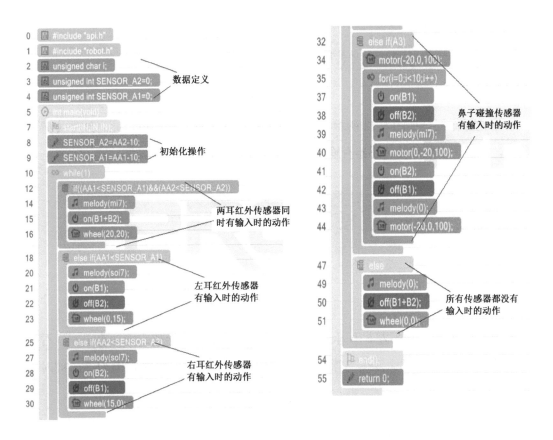

图 5-10　宠物狗机器人的完整程序

让我们来了解一下程序各部分的具体含义。

1. 数据定义

宠物狗机器人程序的数据定义部分如图 5-11 所示，共 3 行。

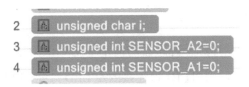

图 5-11　数据定义部分

第 2 行定义 i，用于碰撞传感器被按下时的操作循环。

第 3、4 行定义保存 2 个红外传感器输入值的变量。

2. 初始化操作

初始化操作部分如图 5-12 所示，用变量记录红外传感器初始值，此时红外传感器没有输入，该值用于跟红外传感器有输入时的值比较，从而完成相应操作。

```
8    SENSOR_A2=AA2-10;
9    SENSOR_A1=AA1-10;
```

图 5-12　初始化操作部分

3. 两耳红外传感器同时有输入时的动作

如图 5-13 所示，如果左、右耳红外传感器的值都小于初始值为真（表示左、右耳红外传感器都有输入），那么发出"咪"的音，并且 B1、B2 口连接的 LED 灯亮，同时机器人前进。

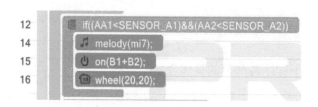

```
12   if((AA1<SENSOR_A1)&&(AA2<SENSOR_A2))
14   melody(mi7);
15   on(B1+B2);
16   wheel(20,20);
```

图 5-13　两耳红外传感器同时有输入时的动作

4. 左耳红外传感器有输入时的动作

如图 5-14 所示，如果左耳红外传感器的值小于初始值为真（表示左耳红外传感器有输入），那么发出"嗦"的音，并且 B1 口连接的左 LED 灯亮，B2 口连接的右 LED 灯不亮，同时机器人小幅度左转。

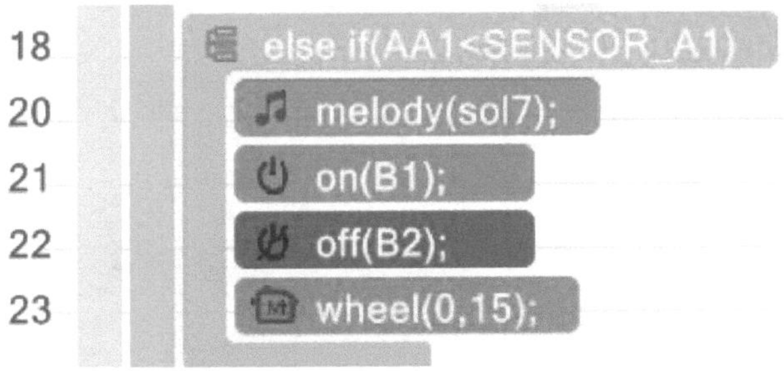

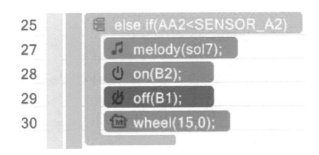

```
18    else if(AA1<SENSOR_A1)
20      melody(sol7);
21      on(B1);
22      off(B2);
23      wheel(0,15);
```

图 5-14　左耳红外传感器有输入时的动作

5. 右耳红外传感器有输入时的动作

如图 5-15 所示，如果右耳红外传感器的值小于初始值为真（表示右耳红外传感器有输入），那么发出"嗦"的音，并且 B2 口连接的右 LED 灯亮，B1 口连接的左 LED 灯不亮，同时机器人小幅度右转。

```
25    else if(AA2<SENSOR_A2)
27      melody(sol7);
28      on(B2);
29      off(B1);
30      wheel(15,0);
```

图 5-15　右耳红外传感器有输入时的动作

6. 鼻子碰撞传感器有输入时的动作

如图 5-16 所示，如果鼻子上的碰撞传感器有输入，那么机器人左转后退 0.1 秒，然后循环 10 次，每次左、右眼 LED 灯交替闪烁，发出"咪"的音，同时先右转后退 0.1 秒，再左转后退 0.1 秒。

这 10 次循环连起来的动作是宠物狗左扭右扭着后退，非常好玩。

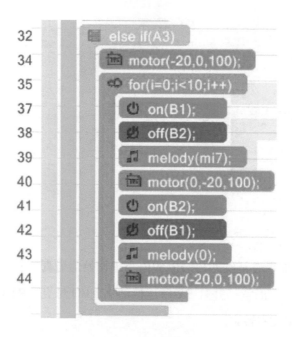

32	else if(A3)
34	motor(-20,0,100);
35	for(i=0;i<10;i++)
37	on(B1);
38	off(B2);
39	melody(mi7);
40	motor(0,-20,100);
41	on(B2);
42	off(B1);
43	melody(0);
44	motor(-20,0,100);

图 5-16　碰撞传感器有输入时的动作

7. 所有传感器都没有输入时的动作

如图 5-17 所示，当所有传感器都没有输入时，第 49 行表示关闭声音，第 50 行表示关闭左、右 LED 灯，第 51 行表示马达停止转动。

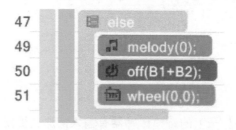

47	else
49	melody(0);
50	off(B1+B2);
51	wheel(0,0);

图 5-17　传感器无输入时的动作

5.3　火车机器人

5.3.1　火车机器人简介

　　"呜呜呜"，火车进站了！没错，本节我们就来说说火车机器人，如图 5-18 所示。火车机器人是 2 段中的第 2 个机器人，它由火车头和火车斗两部分组成。当我们把需要运送的货物装在车斗里，启动电源时，这个机器人就可以拉着货物按照地图上给定的轨道前进。

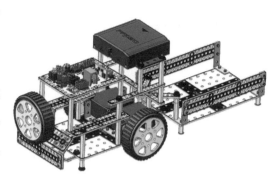

图 5-18　火车机器人

　　火车机器人很好玩，你知道它为什么能沿着轨道前进吗？秘密就藏在火车头的下面。在火车头的下面有两个红外传感器，分别安装在机器人底部的左、右两侧，它不仅能感知障碍物，还能够感知颜色。

　　机器人底部两侧的红外传感器不断发射红外线，并检测接收到的反射光状态。当机器人检测到两侧传感器都是白色光（路面）时，机器人正常前进，如图 5-19（a）所示；当机器人检测到左侧传感器是黑色光（轨道），右侧传感器是白色光（路面）时，说明机器人已经偏离了轨道，需要向左转来调整一下，如图 5-19（b）所示；当机器人检测到右侧传感器是黑色光（轨道），而左侧传感器是白色光（路面）时，说明机器人需要向右转来调整一下，如图 5-19（c）所示。就这样反复检测、不断调整，控制机器人一直按轨道前进。

　　我们把机器人沿着轨道运动称为"循迹"。具有循迹功能的机器人叫作"循迹机器人"，火车机器人就是一个循迹机器人。循迹功能是现代机器人的主要功能之一，目前许多机器人比赛中都有循迹比赛，所以大家一定要掌握循迹的原理。

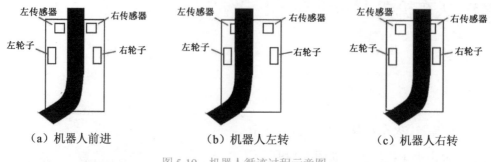

左传感器　右传感器　左传感器　右传感器　左传感器　右传感器

左轮子　右轮子　左轮子　右轮子　左轮子　右轮子

（a）机器人前进　　　（b）机器人左转　　　（c）机器人右转

图 5-19　机器人循迹过程示意图

5.3.2　火车机器人的硬件搭建

说了这么多，我们开始制作火车机器人吧！整个制作过程共有 15 步，图 5-20 中给出了火车机器人的制作说明，说明顺序就是制作顺序，表 5-3 中给出了各步骤制作所需要的零件。大家可以在图表指示的基础上发挥自己的想象力，创造属于自己的火车机器人，当然也可以按照说明书中给出的详细步骤进行制作。

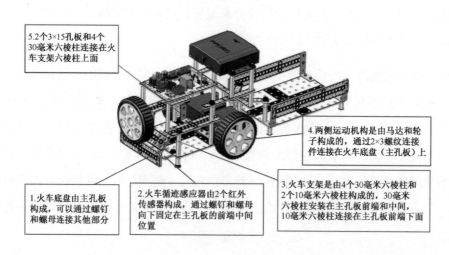

5.2个3×15孔板和4个30毫米六棱柱连接在火车支架六棱柱上面

4.两侧运动机构是由马达和轮子构成的，通过2×3螺纹连接件连接在火车底盘（主孔板）上

3.火车支架是由4个30毫米六棱柱和2个10毫米六棱柱构成的，30毫米六棱柱安装在主孔板前端和中间，10毫米六棱柱连接在主孔板前端下面

1.火车底盘由主孔板构成，可以通过螺钉和螺母连接其他部分

2.火车循迹感应器由2个红外传感器构成，通过螺钉和螺母向下固定在主孔板的前端中间位置

图 5-20　火车机器人的制作说明

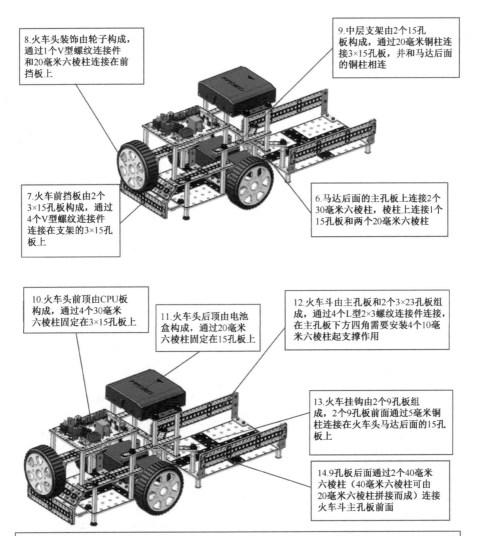

8.火车头装饰由轮子构成，通过1个V型螺纹连接件和20毫米六棱柱连接在前挡板上

9.中层支架由2个15孔板构成，通过20毫米铜柱连接3×15孔板，并和马达后面的铜柱相连

7.火车前挡板由2个3×15孔板构成，通过4个V型螺纹连接件连接在支架的3×15孔板上

6.马达后面的主孔板上连接2个30毫米六棱柱，棱柱上连接1个15孔板和两个20毫米六棱柱

10.火车头前顶由CPU板构成，通过4个30毫米六棱柱固定在3×15孔板上

11.火车头后顶由电池盒构成，通过20毫米六棱柱固定在15孔板上

12.火车斗由主孔板和2个3×23孔板组成，通过4个L型2×3螺纹连接件连接，在主孔板下方四角需要安装4个10毫米六棱柱起支撑作用

13.火车挂钩由2个9孔板组成，2个9孔板前面通过5毫米铜柱连接在火车头马达后面的15孔板上

14.9孔板后面通过2个40毫米六棱柱（40毫米六棱柱可由20毫米六棱柱拼接而成）连接火车斗主孔板前面

15.CPU板连线，左侧红外传感器通过3P连接线连接到A1口上，右侧红外传感器连接到A2口上；左、右马达分别连接到马达专用接口，电池盒连接电源口。按下POWER键接通电源，按3次START键启动机器人

图 5-20　火车机器人的制作说明（续）

表 5-3　火车机器人各步骤所需零件

步　骤	说　　　明	所需零件
1	火车底盘由主孔板构成，可以通过螺钉和螺母连接其他部分	主孔板1个
2	火车循迹感应器由2个红外传感器构成，通过螺钉和螺母向下固定在主孔板的前端中间位置	红外传感器2个，金螺钉4个，螺母4个
3	火车支架是由4个30毫米六棱柱和2个10毫米六棱柱构成的，30毫米六棱柱安装在主孔板前端和中间，10毫米六棱柱连接在主孔板前端下面	30毫米六棱柱4个，10毫米六棱柱2个，金螺钉2个
4	两侧运动机构是由马达和轮子构成的，通过2×3螺纹连接件连接在火车底盘（主孔板）上	2×3螺纹连接件4个，银螺钉16个（连接马达和主孔板），金螺钉2个（连接马达和轮子）
5	2个3×15孔板和4个30毫米六棱柱连接在火车支架六棱柱上面	3×15孔板2个，30毫米六棱柱4个，螺母4个
6	马达后面的主孔板上连接2个30毫米六棱柱，棱柱上连接1个15孔板和两个20毫米六棱柱	30毫米六棱柱2个，20毫米六棱柱2个，15孔板1个，金螺钉2个，螺母4个
7	火车前挡板由2个3×15孔板构成，通过4个V型螺纹连接件连接在支架的3×15孔板上	3×15孔板2个，V型螺纹连接件4个，金螺钉16个
8	火车头装饰由轮子构成，通过1个V型螺纹连接件和20毫米六棱柱连接在前挡板上	轮子1个，V型螺纹连接件1个，20毫米六棱柱1个，金螺钉3个，螺母1个
9	中层支架由2个15孔板构成，通过20毫米六棱柱连接3×15孔板，并和马达后面的六棱柱相连	15孔板2个，20毫米六棱柱4个，螺母4个
10	火车头前顶由CPU板构成，通过4个30毫米六棱柱固定在3×15孔板上	CPU板1个，30毫米六棱柱4个，金螺钉4个
11	火车头后顶由电池盒构成，通过20毫米六棱柱固定在15孔板上	电池盒1个，20毫米六棱柱4个，螺母4个
12	火车斗由主孔板和2个3×23孔板组成，通过4个L型2×3螺纹连接件连接，在主孔板下方四角需要安装4个10毫米六棱柱起支撑作用	主孔板1个，3×23孔板2个，L型2×3螺纹连接件4个，10毫米六棱柱4个，金螺钉4个
13	火车挂钩由2个9孔板组成，2个9孔板前面通过5毫米六棱柱连接在火车头马达后面的15孔板上	9孔板2个，5毫米六棱柱1个，金螺钉1个，螺母1个
14	9孔板后面通过2个40毫米六棱柱（40毫米六棱柱可由20毫米六棱柱拼接而成）连接火车斗主孔板前面	20毫米六棱柱4个，螺钉2个，螺母2个
15	CPU板连线，左侧红外传感器通过3P连接线连接到A1口上，右侧红外传感器连接到A2口上；左、右马达分别连接马达专用接口，电池盒连接电源口。按下POWER键接通电源，按3次START键启动机器人	3P连接线2根

5.3.3 火车机器人的程序设计

已知火车机器人的左侧红外传感器连接 CPU 板的 A1 口，右侧红外传感器连接 A2 口，火车机器人程序如图 5-21 所示。具体含义如下。

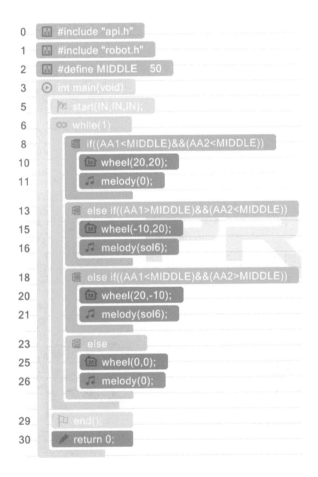

```
0    #include "api.h"
1    #include "robot.h"
2    #define MIDDLE   50
3    int main(void)
5    start(IN,IN,IN);
6    while(1)
8        if((AA1<MIDDLE)&&(AA2<MIDDLE))
10           wheel(20,20);
11           melody(0);
13       else if((AA1>MIDDLE)&&(AA2<MIDDLE))
15           wheel(-10,20);
16           melody(sol6);
18       else if((AA1<MIDDLE)&&(AA2>MIDDLE))
20           wheel(20,-10);
21           melody(sol6);
23       else
25           wheel(0,0);
26           melody(0);
29   end();
30   return 0;
```

图 5-21　火车机器人程序

第 2 行定义常量，表示红外传感器接收到的反射光中间值为 50，大于 50 为黑色（轨道），小于 50 为白色（路面）。

第 8 ～ 12 行表示如果左、右两侧红外传感器都检测到白色，那么机器人前进，关闭声音。

第 13 ～ 17 行表示如果左侧红外传感器检测到黑色，那么机器人左转，并发出"嚓"的音。

第 18 ～ 22 行表示如果右侧红外传感器检测到黑色，那么机器人右转，并发出"嚓"的音。

第 23 ～ 27 行表示如果左、右两侧红外传感器都检测到黑色，那么机器人停止移动，关闭声音。

5.4 人工机械手臂

5.4.1 人工机械手臂简介

人工机械手臂如图 5-22 所示，它是 3 段中的第 7 个机器人。它模仿人类手臂的动作，可以通过机械手臂上的 4 个碰撞传感器实现打开、关闭、左转、右转，这样就可以灵活地抓取物品了。这是一个具有实用价值的机器人，可以帮助我们完成一些危险的工作。

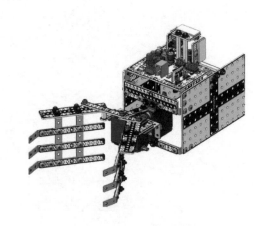

图 5-22 人工机械手臂

5.4.2 人工机械手臂的硬件搭建

接下来，我们开始制作人工机械手臂吧！整个制作过程共有 15 步，图 5-23 中给出了人工机械手臂的制作说明，说明顺序就是制作顺序，表 5-4 中给出了各步骤制作所需要的零件。大家可以在图表指示的基础上发挥自己的想象力，创造属于自己的人工机械手臂，当然也可以按照说明书中给出的详细步骤进行制作。

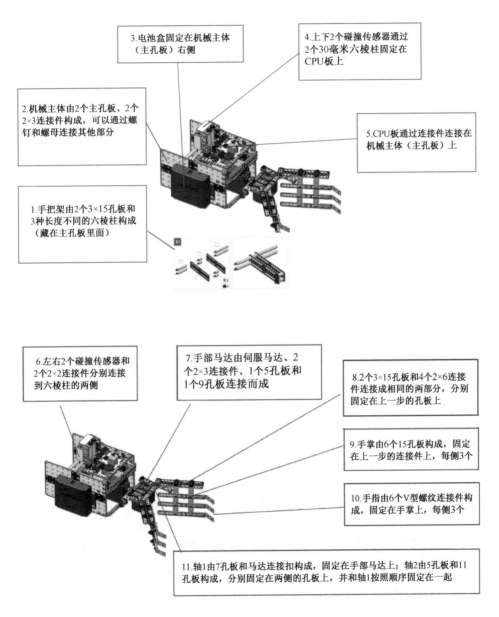

3.电池盒固定在机械主体（主孔板）右侧

4.上下2个碰撞传感器通过2个30毫米六棱柱固定在CPU板上

2.机械主体由2个主孔板、2个2×3连接件构成，可以通过螺钉和螺母连接其他部分

5.CPU板通过连接件连接在机械主体（主孔板）上

1.手把架由2个3×15孔板和3种长度不同的六棱柱构成（藏在主孔板里面）

6.左右2个碰撞传感器和2个2×2连接件分别连接到六棱柱的两侧

7.手部马达由伺服马达、2个2×3连接件、1个5孔板和1个9孔板连接而成

8.2个3×15孔板和4个2×6连接件连接成相同的两部分，分别固定在上一步的孔板上

9.手掌由6个15孔板构成，固定在上一步的连接件上，每侧3个

10.手指由6个V型螺纹连接件构成，固定在手掌上，每侧3个

11.轴1由7孔板和马达连接扣构成，固定在手部马达上；轴2由5孔板和11孔板构成，分别固定在两侧的孔板上，并和轴1按照顺序固定在一起

图 5-23　人工机械手臂的制作说明

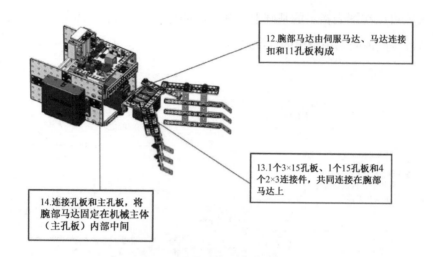

12.腕部马达由伺服马达、马达连接扣和11孔板构成

13.1个3×15孔板、1个15孔板和4个2×3连接件，共同连接在腕部马达上

14.连接孔板和主孔板，将腕部马达固定在机械主体（主孔板）内部中间

15.手部的伺服马达通过3P连接线连接到B1口上，腕部的伺服马达则连接到B2口上，上侧传感器接A1口（打开开关），左侧传感器A3口（左转开关），下侧传感器接A2口（关闭开关），右侧传感器接A4口（右转开关），连接电池盒和CPU板，按下POWER键接通电源，按8次START键启动机器人

图 5-23　人工机械手臂的制作说明（续）

表 5-4　人工机械手臂各步骤所需零件

步　骤	说　　　明	所需零件
1	机械架由2个3×15孔板和3种长度不同的六棱柱构成	3×15孔板2个，40毫米六棱柱2个，10毫米六棱柱4个，30毫米六棱柱2个，金螺钉2个，螺母2个
2	机械主体由2个主孔板、2个2×3连接件构成，可以通过螺钉和螺母连接其他部分	主孔板2个，L型2×3螺纹连接件 2个，金螺钉4个，螺母2个
3	电池盒固定在机械主体（主孔板）右侧	电池盒1个，11孔板2个，L型2×3螺纹连接件2个，金螺钉2个，银螺钉8个，螺母4个
4	2个碰撞传感器通过2个30毫米六棱柱固定在CPU板	CPU板1个，碰撞传感器 2个，30毫米六棱柱2个，银螺钉2个，螺母2个
5	CPU板通过连接件连接在机械主体（主孔板）上	金螺钉8个

续表

步　骤	说　明	所需零件
6	2个碰撞传感器和2个2×2连接件分别连接在六棱柱的两侧	碰撞传感器 2个，L型2×2连接件 2个，银螺钉4个，螺母4个
7	手部马达由伺服马达、2个2×3连接件、1个5孔板和1个9孔板连接而成	伺服马达2个，L型2×3螺纹连接件2个，5孔板1个，9孔板1个，10毫米六棱柱2个，银螺钉4个，螺母2个
8	2个3×15孔板和4个2×6连接件连接成相同的两部分，分别固定在上一步的孔板上	3×15孔板2个，L型2×6螺纹连接件4个，限位螺钉2个，银螺钉8个，螺母8个
9	手掌由6个15孔板构成，固定在上一步的连接件上，每侧3个	3×15孔板6个，银螺钉12个，螺母12个
10	手指由6个V型螺纹连接件构成，固定在手掌上，每侧3个	V型螺纹连接件6个，金螺钉12个
11	轴1由7孔板和马达连接扣构成，固定在手部马达上；轴2由5孔板和11孔板构成，分别固定在两侧的孔板上，并和轴1按照顺序固定在一起	轴1：7孔板1个，马达连接扣1个，银螺钉2个，螺母1个；轴2：11孔板1个，5孔板1个，限位螺钉2个，螺母2个，尼龙螺母1个，银螺钉1个
12	腕部马达由伺服马达、马达连接扣和11孔板构成	伺服马达1个，马达连接扣1个，11孔板1个，银螺钉2个，螺母1个
13	1个3×15孔板、1个15孔板和4个2×3连接件，共同连接在腕部马达上	3×15孔板1个，15孔板1个，L型2×3螺纹连接件4个，金螺钉8个，银螺钉4个，螺母4个
14	连接孔板和主孔板，将腕部马达固定在机械主体（主孔板）内部中间	金螺钉2个
15	手部的伺服马达通过3P连接线连接到B1口上，腕部的伺服马达则连接到B2口上，上侧传感器接A1口（打开开关），左侧传感器接A3口（左转开关），下侧传感器接A2口（关闭开关），右侧传感器接A4口（右转开关），连接电池盒和CPU板。按下POWER键接通电源，按8次START键启动机器人	3P连接线4根

5.4.3　人工机械手臂的程序设计

已知人工机械手臂的上碰撞传感器连接 CPU 板的 A1 口，下碰撞传感器连接 A2 口，左碰撞传感器连接 A3 口，右碰撞传感器连接 A4 口，腕部伺服马达连接 B1 口，手部伺服马达连接 B2 口，人工机械手臂的完整程序如图 5-24 所示。具体含义如下。

第 2、3 行定义变量。S1POS 表示伺服马达 1（手部伺服马达）的初始值，S2POS 表示伺服马达 2（腕部伺服马达）的初始值。

第 9 行表示手部伺服马达转到 S1POS 的位置。

第 10 ～ 17 行表示如果上碰撞传感器有输入，则增大手部伺服马达转动值 S1POS，同时设定最大值为 60（张开手动作）。

第 18 ～ 25 行表示如果下碰撞传感器有输入，则减小手部伺服马达转动值 S1POS，同时设定最小值为 30（闭合手动作）。

第 26 行表示腕部伺服马达转到 S2POS 的位置。

第 27 ～ 34 行表示如果左碰撞传感器有输入，则增大腕部伺服马达转动值 S2POS，同时设定最大值为 100（抬起手动作）。

第 35 ～ 43 行表示如果右碰撞传感器有输入，则减小腕部伺服马达转动值 S2POS，同时设定最小值为 1（落下手动作）。

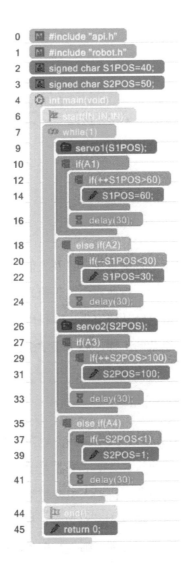

```
0    #include "api.h"
1    #include "robot.h"
2    signed char S1POS=40;
3    signed char S2POS=50;
4    int main(void)
6        start(iN,iN,iN);
7        while(1)
9            servo1(S1POS);
10           if(A1)
12               if(++S1POS>60)
14                   S1POS=60;
16               delay(30);
18           else if(A2)
20               if(--S1POS<30)
22                   S1POS=30;
24               delay(30);
26           servo2(S2POS);
27           if(A3)
29               if(++S2POS>100)
31                   S2POS=100;
33               delay(30);
35           else if(A4)
37               if(--S2POS<1)
39                   S2POS=1;
41               delay(30);
44       end();
45       return 0;
```

图 5-24　人工机械手臂的完整程序

附录A

中小学机器人教学之我见

近几年，政府对人工智能科学的逐渐重视，以及人们对人工智能科学的广泛认识，使得作为人工智能科学载体之一的机器人行业在国内迅速兴起。随之而来的机器人教育也在国内蓬勃发展，机器人教育的对象已经从研究生、本科生逐渐扩展到中小学生。中小学机器人教育教学活动是一个庞大而复杂的工程，对中小学生而言，兴趣是最好的老师，想象力比知识更重要。

1. 中小学机器人教学内容

2002 年《电化教育研究》杂志发表了湖南师范大学彭绍东老师的大作《论机器人教育》。文中论述了机器人教育的 5 种基本类型：机器人学科教学、机器人辅助教学、机器人管理教学、机器人代理（师生）事务、机器人主持教学，非常具有前瞻性。从实际情况看，现阶段机器人教育的主要内容是机器人学科教学、机器人辅助教学。当然，随着人工智能的兴起，机器人管理教学、机器人代理（师生）事务、机器人主持教学也正逐渐走向现实。

2013 年美国公布了《新一代科学教育标准》（Next Generation Science Standards，NGSS），强调科学教育中的 3 个维度，即实践（Practices）、跨领域概念（Crosscutting Concepts）和学科核心概念（Disciplinary Core Ideas，即内容）[15]，如图 A-1 所示。

图 A-1 科学教育中的 3 个维度

受上述思想的启发，建议将中小学机器人教学内容分为 3 部分：机器人学科概念、机器人工程实践及机器人跨领域概念，如图 A-2 所示。在实际教学中，应以机器人工程实践为主，适当渗透机器人学科概念和机器人跨领域概念。

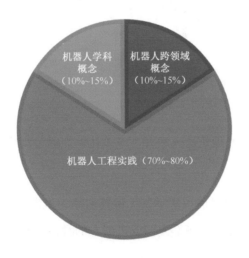

图 A-2 机器人教学内容及分配比例

1）中小学机器人学科概念

机器人学是智能科学与技术学科的一个组成部分。在本科和研究生教育中，机器人学是从数理基础出发的，涉及机器人运动学、动力学、控制、传感、规划、程序设计等内容。中小学机器人教育属于科学启蒙教育，其目的是增加学生对科学的兴趣，本科和研究

趣说机器人：中小学机器人科普读本

生教育中的机器人学知识显然不适合中小学生。

目前，开始学习机器人的中小学生大多在 7～12 岁。根据瑞士儿童心理学家让·皮亚杰（Jean Piaget，1896—1980 年，图 A-3）的儿童思维发展观[16]，7～12 岁属于具体运演阶段，这一阶段的儿童能进行具体运演，也就是能在同具体事物相联系的情况下，进行逻辑运演。

图 A-3　让·皮亚杰

因此，在中小学生中开展机器人教育，应该让他们通过观察、认识、使用具体的机器人组成元件来了解机器人。

关于机器人的组成部分目前说法不一，但普遍认为机器人是典型的机电一体化产品，应该包含机械和电器两部分。机械部分构成机器人的身体框架，而电器部分又可分为传感部分、驱动部分、控制部分等。

此外，机器人还要有相应的程序来完成具体的任务。在编程讲解中应围绕机器人任务，重点讲解任务实现所需的语句、逻辑，而非灌输完整的、系统的编程概念。

综上所述，建议将中小学机器人学科概念的内容分为 3 部分：一是机械零件的认识和简单应用，二是集成电路组件（如传感器、驱动器、控制器等）的认识和简单应用，三是简单的任务程序设计。

2）中小学机器人工程实践

中小学机器人工程实践指学生自己动手制作机器人的过程。它在整个中小学机器人教学中占有绝大部分比重，表现形式可以是课程教学，也可以是小组活动，还可以是各类机器人比赛。

工程实践的内容大致包含任务设定、机器人搭建、程序设计、调试及任务实施与评价。

（1）任务设定。任务设定是工程实践的第一步，明确任务内容后才能开展后续的工作。任务设定要根据学生能力和现有设备量力而行，可以由学生自己提出，也可以由教师指定，大家协商。目前，许多品牌的教育机器人已经把任务设定明确，使得这一步变得相对简单。

（2）机器人搭建。机器人搭建是将各种机械零件、电子元件通过拼插、螺钉连接等方式连在一起，构成机器人外形的过程。在机器人教学活动中，机器人搭建可以是预设机器人搭建（按照说明书中的步骤图示进行搭建），也可以是自定义搭建（按照任务设定或自己的想法自行搭建）。根据搭建时间的长短，机器人搭建又分为两种形式：一种是每堂课让学生搭建一个简单的机器人，这种方式适合年龄偏小的学生，学生的成就感会很强；另一种是多堂课甚至一个学期搭建一个机器人，这种方式适合年龄偏大的学生，让学生能够更加深入地思考。

（3）程序设计。机器人程序设计是根据机器人所要完成的具体任务进行程序编写、调试的过程。随着图形化、积木式程序设计工具的兴起，编程已经变得越来越简单，这为青少年编写程序打开了一扇大门。

（4）调试。调试过程是反复修改机器人以达到任务要求的过程，在机器人搭建和程序设计完成后，通过调试过程来检验机器人搭建是否合理、程序设计是否正确。

（5）任务实施与评价。任务实施与评价是机器人实际完成工作的过程，以及对于机器人的评价过程，包括搭建是否合理、程序是否正确、任务是否完成及完成情况的好坏等。这种评价还可以分为学生自评、学生互评和教师评价。

机器人工程实践是中小学机器人教学活动中最重要的组成部分，在这个过程中学生既要动手搭建机器人、写程序，又要动脑思考机器人的外观和任务功能，极大地提高了学生的学习兴趣。同时，在实践过程中要注重学生创新意识和创造思维的培养，鼓励学生创新，这也体现了创客教育的精髓。

3）中小学机器人跨领域概念

机器人学是生命科学、信息科学、自动控制科学等学科综合的产物，是一门高度交叉的前沿学科。那么，在中小学机器人教学中如何体现机器人跨领域概念呢？由于中小学机器人教育定位为科技启蒙教育，以提高学生综合素质为主，所以在机器人教学中建议把机器人作为一个载体，广泛涉猎与当前所制作的机器人相关的各科知识，如生命科学、空间科学、物质科学、信息科学、数学等，这些知识不一定很高深，但一定要广博，这也正是STEM 教育的本质——通过跨学科整合，提高学生的核心素养，即通过这种教育方式，重点培养学生应具备的、能够适应终身发展和社会发展需要的必备品格和关键能力[17]。

2. 中小学机器人教学目标

很多教育学家、心理学家都曾提出自己的教学目标设定方式。20 世纪 50 年代，美国学者布卢姆等人提出的教学目标分类理论中将教育目标分为三大领域——认知领域（Cognitive Domain）、情感领域（Affective Domain）和动作技能领域（Psychomotor Domain）。在中小学机器人教学中，这三大领域的目标都有所体现，非常值得学习和借鉴。

认知领域的目标分为 6 种，即识记、领会、应用、分析、综合和评价[18]，如图 A-4 所示。

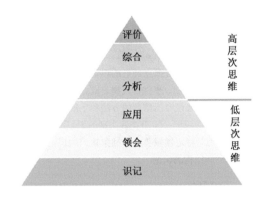

图 A-4　布卢姆认知领域的目标

（图片来源：http://blog.163.com/）

情感领域的目标分为 5 种，即接受 / 注意（Receiving/Attending）、反应（Responding）、价值评价（Valuing）、组织（Organization）、由价值或价值复合体形成的性格化（Characterization by Value or Value Complex）[19]。

动作技能领域的目标有多种分类方法。1972 年，辛普森提出的 7 种动作技能领域目标较为经典，即知觉、定势、指导下的反应、机制、复杂的外显反应、适应和创作 [20]。

在这三大领域中，布卢姆主要强调了认知领域的教育目标分类，如表 A-1 所示。这里结合机器人教育教学活动说明如下。

1）识记

识记即记忆，要求学生记住某些知识。知识包括 3 类，即具体知识，如术语和事实等；处理具体事物的方式方法，如序列、分类、标准等；学科领域中的普遍原理和抽象概念，如一般原理、理论、知识框架等。在机器人教学中要求学生记住传感器、主控制器等术语（具体知识），记住螺钉、螺母的松紧方法（处理具体事物的方式方法），记住能量守恒定律（学科领域中的普遍原理和抽象概念），凡此种种都属于识记。

表 A-1　布卢姆认知领域教育目标分类

类　别	主　类	亚　类
第一类（Ⅰ）	识记	1.对专门或孤立信息的识记：①对专业术语的识记；②对具体事实的识记（如日期、事件、人物、地点、资料来源等） 2.对处理专门信息的方法和手段的识记：①常规方法的识记；②倾向和序列的识记；③分类和类别的识记；④评判标准的识记；⑤方法论的知识 3.对特定领域普遍和抽象知识的识记：①一般原理和概念的识记；②理论和结构的识记
第二类（Ⅱ）	领会	1.转化 2.解释 3.推断
第三类（Ⅲ）	应用	无亚类
第四类（Ⅳ）	分析	1.要素分析 2.关系分析 3.组织原理分析
第五类（Ⅴ）	综合	1.独特交际方式的产生 2.计划或操作方案的提出 3.抽象关系的衍生
第六类（Ⅵ）	评价	1.依据内部事实进行评价 2.依据外部标准做出评价

2）领会

领会（Comprehension）即理解，指的是当学生进行交流时，要求他们知道交流什么内容，并能够利用材料或材料中所包含的观念。领会主要有 3 类：转化，指用自己的话或用与原先的表达方式不同的方式表达自己的思想；解释，指对一项信息加以说明或概述；推断（Extrapolation），指估计将来的趋势或后果。在机器人教学中，要求学生能够用自己的话说明机器人任务内容（转化），解释马达的工作原理（解释），推断恐龙机器人移动的轨迹（推断），这些都属于领会。

3）应用

应用（Application）即运用，指在某些特定和具体的情境中使用抽象概念。例如，把一篇论文中使用的科学术语或概念运用到另一篇论文所讨论的各种现象中。在机器人教学中，可以引导学生通过学习机器人搭建了解各个组件的功能和特性，从而利用这些组件搭建一个全新的机器人。

4）分析

分析（Analysis）是指把材料分解成不同的组成要素，从而使各概念间的关系更加明确，材料的组织结构更为清晰，并详细地阐明基础理论和基本原理。分析包括 3 种：要素分析指识别某种交流所包括的各种要素，如区别事实与假设；关系分析，即对交流内容中各种要素与组成部分的关系的分析，如领会一个段落中各种观点之间的关系；组织原理分析，指对将交流内容组合起来的组织、系统排列和结构的分析，如识别文学艺术作品的形式和模式，使之成为理解其意义的一种手段。在机器人教学中，引导学生进行自主分析是非常有必要的。例如，在搭建过程中引导学生分析每类零件的特性（要素分析），在程序设计中引导学生分析由于程序语句先后顺序不同所导致的机器人功能的差异（关系分析），在机器人任务实现过程中引导学生分析程序语句所起到的作用（组织原理分析）等。

5）综合

综合（Synthesis）即创造，是指以分析为基础，全面加工已分解的各要素，并把它们按要求重新组合成整体，以便综合地、创造性地解决问题。它又包括 3 种：独特交际方式的产生，指提供一种条件，以便把自己的观点、感受和经验传递给别人，如有效地表述个人经验；计划或操作方案的提出，指制订一项工作计划或一项操作程序，如为某种特定的教学情境设计一个教学单元；抽象关系的衍生，指确定一套抽象关系，用以对特定的资料或现象进行分类或解释，或者从一套基本命题或符号表达中演绎出各种命题和关系，如精确发现和概括发现。在机器人教学中，综合能力培养也是创造力、想象力的培养，要鼓励学生多想多说，把自己的思想表达清楚。例如，在工程实践的第一步——任务设定中鼓励学生提出自己的观点和看法，设计一种新型机器人（制订计划或操作步骤），在新型机器人制作完成后鼓励学生把自己设计的机器人是什么和为什么这样设计表述清楚（独特交际方式的产生）。

6）评价

评价（Evaluation）不是凭借直观感受或观察的现象做出评判，而是理性地、深刻地对事物本身的价值做出有说服力的判断。它又分为 2 种：依据内部事实进行评价，指依据诸如逻辑上的准确性、一致性和其他内在证据来判定信息的准确性，如指出论点中的逻辑错误；依据外部标准做出评价，指根据挑选出来的或回忆起来的准则评价材料，如对某些特定文化中的主要理论、概括、事实进行比较。在机器人工程实践的调试过程中可以引导学生通过评价不断修改机器人的外形和功能，从而达到与设定任务相符的结果。

在这 6 种认知领域目标中，"识记＋领会＋应用"称为"低层次思维"，"分析＋评价＋综合"称为"高层次思维"。应试教育非常注重"低层次思维"的培养，而有别于应试教育，机器人教育更注重"高层次思维"的引导和培养，通过"高层次思维"去寻找事物的本质和规律，这也是"想象力比知识更重要"的由来。

3. 中小学机器人教学中的能力培养

中小学机器人教学活动不仅能丰富科学知识、培养科学兴趣，还能培养学生的综合能力。通过机器人教学活动，学生的空间想象力、动手能力、逻辑思维能力、团队协作能力、创新能力等都能得到全方位训练和提升，对进行学科知识渗透、培养素质全面的创新型人才具有重要的意义。

1）空间想象力的培养

空间想象力是人们对客观事物的空间形式（空间几何形体）进行观察、分析、认知的抽象思维能力，它主要包括以下 3 方面内容。

（1）能根据空间几何形体或表述几何形体的语言、符号，在大脑中展现出相应的空间几何图形，并能正确想象其直观图。

（2）能根据直观图，在大脑中展现出直观图表现的几何形体及其组成部分的形状、位置关系和数量关系。

（3）能对头脑中已有的空间几何形体进行分解、组合，产生新的空间几何形体，并正确分析其位置关系和数量关系[21]。

空间想象力影响建筑、医学、艺术等多个领域，也是数学的基础。

在预设机器人搭建过程中，每一步都要根据图纸上的空间几何形体在现实的各种零件中找到对应的位置，完成预设机器人的搭建。很多学生刚开始搭建机器人时总是手忙脚乱，经常出现错误，这是空间想象力不足的表现，他们不能把图示中的内容正确对应到现实中。经过一段时间的训练，学生们的空间想象力变得越来越强，搭建机器人明显更加得心应手，错误也越来越少。到最后，有的学生甚至不用看制作步骤图示，只需看一幅完整的机器人外观图，就可以成功搭建机器人。

这种能力训练能使学生根据图示迅速、准确地完成机器人搭建，同时能提升学生对于现实世界中各种空间形式的理解与认识能力。

2）动手能力的培养

动手能力既可以指将理论应用于实践能力，又可以指实际操作能力。在机器人教学中，动手能力的培养贯穿始终。

在机器人搭建过程中，无论是拼插方式还是螺钉连接方式，每一步都需要由大脑控制手指操作，这种手脑配合能力就是动手能力。这种能力的训练不仅能让学生快速完成机器人的搭建工作，而且能促进学生大脑的发育。

在机器人程序设计过程中，反复上机编写程序是另一种动手能力的训练。这种训练能增强学生操作计算机的能力，消除学生对计算机的陌生感。

在任务实现的过程中，学生操作自己设计的机器人完成各种任务，这个操作过程也是一种动手能力的训练，它要求学生能够结合不同的外部环境和机器人自身条件，选择不同的方式完成自己的任务。例如，在恐龙机器人绕箱子任务中，要综合考虑路面光滑度、机器人自身重量、电池电量等因素，给出控制机器人运动的命令。

3）逻辑思维能力的培养

逻辑思维能力是指正确、合理思考的能力，即对事物进行观察、比较、分析、综合、抽象、概括、判断、推理的能力，以及采用科学的逻辑方法，准确而有条理地表达自己思维过程的能力 [22]。

逻辑思维能力的培养主要体现在机器人程序设计的过程中。举个简单的例子，判断 a、b 两个数的大小关系，在学习程序设计前许多学生认为结果有两种：a 大于 b，a 小于 b。学习程序设计后学生基本能明确有三种大小关系：a 大于 b，a 等于 b，a 小于 b。这就是逻辑思维能力的提升。在编写机器人程序时，学生们首先要明确机器人的任务，然后用自然语言（汉语、英语等）把机器人任务的每一步描述出来（可以在大脑中完成，也可以书写出来），再把任务步骤转化成程序语句，最后不断修改、调试程序，直到满足任务要求。这也是一种逻辑思维能力的训练。这种能力的培养能使学生掌握对于现实世界问题的正确、合理的思考方式。

4）团队协作能力的培养

所谓团队协作能力，是指发挥团队精神、互补互助以达到团队最高工作效率的能力。对于团队成员来说，不仅要有个人能力，更要有在不同的位置上各尽所能、与其他成员协调合作的能力 [23]。在机器人教学中，学生一般以团队的形式完成任务。有人负责搭建机器人，有人负责编写程序，学生们群策群力，就像打篮球比赛一样，各司其职。当然，在团队协作过程中要注意学生的均衡发展，避免出现学生只关注自己的工作而忽略其他工作的现象。

5）创新能力的培养

创新是指以现有的思维模式提出有别于常规或常人思路的见解为导向，利用现有的知识和物质，在特定的环境中，本着理想化需要或为满足社会需求而改进或创造新的事物（包括产品、方法、元素、路径、环境），并能获得一定有益效果的行为 [24]。

创新能力的培养贯穿于机器人教学的整个过程，任务设定可以创新，机器人搭建可以创新，程序设计可以创新，调试可以创新，任务实施也可以创新。在机器人教学中，由前述认知领域的教育目标分类可知，分析、综合、评价既是目标，又是培养创新能力的方法。同时，创新要注重学生的个性化发展。不过，任何创新都是从模仿开始的，没有模仿的创新只能是空中楼阁，所以在机器人工程实践中鼓励学生创新的同时，一定也要告诫学生打好基础。

当然，在机器人教学过程中的能力培养不止这些，还有许多其他方面，如对科学的兴趣、持之以恒的精神等。总之，机器人教学活动是一种培养学生综合能力的过程，这个培养过程可能会很漫长，但坚持下去一定会对学生有所裨益。

4. 中小学机器人教学设计

1）学习者分析与教学内容建议

中小学机器人教学的对象是中小学生，对于不同年级的学生，教学内容和方法也不尽相同。

皮亚杰在《发生认识论原理》一书中，对少年儿童的特征进行了分析，见表 A-2[25,26]。

表 A-2 学习者特征分析

发展阶段	时期	学习者特征
感知运算阶段	0～2岁，婴儿时期	离开了触摸和动作，就无法思考
前运算阶段	3～6岁，相当于幼儿园小班	思维缺乏逻辑，只凭知觉所及，不守恒、不可逆，多以自我为中心，能用词语代表表象
具体运算阶段	7～8岁，相当于小学低年级	该阶段的儿童可以进行一些初步运演。在第一水平时期，儿童能看到真实事物，不能依靠抽象、假设进行运演；在第二水平时期，儿童的认知结构中已经具有抽象概念，因此能够进行逻辑推理。这一阶段的儿童思维具有多维性、可逆性，不完全以自我为中心，能够反映事物的转化过程，能够进行具体的逻辑推理
	9～11岁，相当于小学中、高年级	
形式运算阶段	11岁以上	在这一阶段，少年儿童已经能够在具体运演的基础上进行形式运演，即可以根据语言、文字进行假设、演绎和推理。这一阶段的少年儿童已经能够进行假设—演绎思维、抽象思维（完全的符号思维）和系统思维
运算也称"运演"，是指内化了的、可逆的、有逻辑结构的智力行为，即借助逻辑推理，将事物的一种状态转化成为另一种状态。它不仅仅指数学中的计算		

同一时期的苏联心理学家维果斯基提出了"最近发展区"理论[27]。他认为儿童的心理发展可分为两个水平：一是现有的发展水平，二是潜在的发展水平，在这两者之间存在

的空间就是儿童的最近发展区。也就是说，儿童只有超越了这个最近发展区，才算是完成了向新的水平发展的过程。维果斯基认为，教学的内容就应该安排在这个最近发展区内，通过教学将最近发展区转化为学生的现有发展水平。

目前，学生开始接受机器人教育的年龄越来越小，有很多学生从小学一年级就开始学习机器人了。这里结合皮亚杰的儿童认识论及维果斯基的"最近发展区"理论，给出不同年龄段学生学习机器人的建议。

对于7～8岁小学低年级学生，他们能看到真实事物，不能依靠抽象、假设进行运演。机器人教学建议以简单的预设机器人制作为主，让学生按照制作步骤图示制作机器人，尽量不涉及程序设计。在讲到学科知识和跨领域概念时，尽量以感性认识为主，避免过多的说教。这一阶段主要培养孩子的空间想象力、动手能力及创新意识。

对于9～11岁小学中、高年级的学生，其认知结构中已经有抽象概念，因此能够进行逻辑推理。机器人教学建议除预设机器人制作外，加入程序设计的学习，适当增加自定义机器人的制作，并引入团队协作的制作模式。在讲到学科知识和跨领域概念时，内容要广博，主要是开阔眼界，无须太深入。这一阶段主要强化学生的空间想象力、动手能力及创新意识，同时培养逻辑思维能力和团队协作能力。

对于11岁以上的学生，他们已经能够进行假设—演绎思维、抽象思维（完全的符号思维）和系统思维。机器人教学建议以完整的工程实践形式出现，预设机器人和自定义机器人并重，可以适当加大程序设计的难度。在讲到学科知识和跨领域概念时，可以适当深入讲解。这一阶段主要提升学生对于机器人学科的认识，注重学生各种能力的培养。

2）学习理论在中小学机器人教学中的应用

学习理论是教育学和教育心理学中的一门分支学科，主要描述或说明人类和动物学习的类型、过程和影响学习的各种因素。学习理论是探究人类学习本质及其形成机制的心理学理论，它重点研究学习的性质、过程、动机及方法和策略等[28]。当今世界，描述如何学习的理论流派很多，主要有4种，即行为主义、认知主义、人本主义和建构主义。这些理论流派各有千秋，在机器人教学活动中都可以借鉴。

（1）行为主义学习理论及其应用。

行为主义学习理论认为，人类的思维是人类与外界环境相互作用的结果，即形成"刺激—反应"的关系。其基本假设是：行为是学习者对环境刺激所做出的反应。他们把环境看成刺激，把随之产生的有机体行为看成反应，认为所有行为都是习得的。行为主义学习理论重视学习环境、外部因素对于学习过程的影响[29]。

案例说明

在机器人教学中，许多家长会问："机器人不就是制作吗？我自己在家带着孩子做就好了，为什么要来课堂上做呢？"为什么会有这样的问题呢？这是因为家长不了解机器人制作过程是学生对环境刺激所做出的反应，很多学生在家从来不做与机器人相关的学习活动，而到了机器人课堂上却做得热火朝天，非常认真，很明显机器人课堂的环境和氛围影响了学生的行为。

（2）认知主义学习理论及其应用。

认知主义学习理论是在行为主义学习理论基础上的进一步研究，认知主义学习理论不认为学习是一种简单机械的外界环境刺激—反应，而是个体对事物经由认识、辨别、理解从而获得新知识的过程，即刺激与反应之间的内部心理过程。在机器人教学活动中，教师可以借鉴认知主义对于学习者内部心理机制的关注，充分考虑学生的身心发展及不同学生之间的个性差异，简单地说就是要因材施教，承认学生的个体差异性，尽可能公平地对待每个学生。

案例说明

在多位学生同时进行相同预设机器人搭建的教学中，经常出现搭建进度不同的问题，有的学生可能半个小时就完成了搭建，而有的学生可能一个小时也没有完成。这就要求教师分析进度不同的原因，同时对于搭建较快、动手能力较强的学生，在不影响其他学生的情况下，鼓励其进行创新设计或增加其他训练（如"找不同"等）。

（3）人本主义学习理论及其应用。

人本主义学习理论认为，学习者是学习的主体，任何正常的学习者都能自己教育自己。人际关系是有效学习的重要条件。应注重学习的情感因素，主张榜样学习、同伴效应等。在机器人教学活动中应用人本主义，应该培养学生对于机器人乃至科学的兴趣，同时教师要融入活动，作为榜样或同伴鼓励学生。

案例说明

在机器人教学实施过程中，学生要花费大量时间按照预设图示搭建机器人，这时教师是不是就没事了呢？如果教师一直无所事事地看着学生搭建，久而久之，学生也会出现倦怠，逐渐失去学习兴趣。建议教师也参与搭建活动，兼顾全体学生，避免每一个学生在搭建过程中出现错误，同时重点帮助动手能力较弱的学生进行搭建。但注意不要喧宾夺主，尽量以辅助和引导学生为主，如可以帮助学生准备每一步所需的零件。

（4）建构主义学习理论及其应用。

建构主义学习理论认为，学习过程是学习者主动进行同化和顺应的过程，强调学生在学习过程中主动建构知识的意义。因此，建构主义对于教学的最大意义就是强调情境的创设，教师在教学过程中要尽可能创造真实的情境，要提供一个真实的、学生能够完成的任务，并且这个任务的完成途径应该不是唯一的。

教师要为机器人教学活动设计任务，并提供相应的机器人教具，这一点非常符合建构主义思想。同时，要注意学生自身对于知识的建构，培养学生的探索精神，避免包办代替使学生出现过度依赖现象。

案例说明

有些学生学习机器人时动手能力较差，教师为了保证教学进度每次都帮助学生搭建，久而久之，学生自己就不爱动手制作了，也失去了机器人教学的意义。因此，教师一定要学会放手，让学生自己搭建机器人，但要适当给予指导以避免搭建错误。

3）中小学机器人教学建议

综合以上各学习理论流派，给出如下中小学机器人教学建议。

（1）创设环境是机器人教学中的首要任务。在机器人教学中，教师的首要任务是创设学习环境，这种环境既包括软环境（如任务情境、学习氛围等），也包括硬环境（如机器人教材、教具等）。教师要根据学习者分析理论和学生的实际情况，为学生创设适合应其发展的环境，一旦环境创设成功，学生就可以自由地利用环境完成机器人任务。

（2）给予学生有限制的自由。学生在机器人课堂上具有很大的自主性，享有很大的自由，甚至可以大声说话，互相交流与机器人有关的内容。但这种自由不是没有限制的，中小学生尤其是小学生自我管理能力较弱，需要制订适当的规范及奖惩措施，以保证每个学生在享受自由的同时，不破坏环境，不妨碍他人。例如，当学生大声说与机器人无关的内容时，可以停止其搭建操作 1 分钟并禁言等。

（3）教师是学生活动的引导者和协助者。在机器人教学中，教师主要扮演引导者和协助者的角色。教师应当在必要的时候给予学生引导、帮助和建议。教师应通过观察，了解学生的发展、进步及遇到的问题，然后确定给学生提供协助的方法、时机，避免无端地干扰学生。

（4）开阔眼界。对于机器人教学中的知识传递，内容不需要太深，但一定要广博，其目的是开阔学生的眼界，培养学生对科学的兴趣。本书中选取了部分相关内容加以论述，但这远远不够，还需要教师根据自身经验和学生的特点对内容进行完善和补充。

总之，虽然机器人教学活动是一项复杂且庞大的工程，但也并不是高不可攀的。只要认真对待，就一定能做好机器人教学。同时，一千个人的眼中就有一千个哈姆雷特，每位教师的教学方式都是不同的，以上只是编者对于机器人教学的一点初浅认识，对于教学实践中的具体问题还需要教师根据教学经验提出创造性意见。

机器人对抗比赛方案

1. 比赛内容

在遥远的普暴星球，存在着两股敌对的机器人势力——风族与暴族，他们为了争夺星球的统治权而争斗不息。星球上的每个机器人都拥有 3 个生命柱，一旦生命柱被毁坏，机器人就会瘫痪。

你是风族或暴族机器人的操纵者，你必须在 2 分钟内，在主办方提供的场地上，把对方的 3 个生命柱推出擂台（毁坏生命柱），使对方的机器人陷入瘫痪。

2. 比赛规则

1）比赛前的准备

（1）比赛只允许使用指定机器人套件，不允许混搭其他系列或其他厂家产品。

（2）赛前要完成机器人搭建和程序设计，机器人尺寸不能超过 250mm（长）×250mm（宽）×250mm（高），比赛开始后机器人允许变形，但变形后尺寸也不能超出该范围。机器人重量不能超过 1.5kg。

（3）不限制具体的操作方式，可以使用任何方式进行比赛。

（4）最多使用 8 节 5 号电池，总电压必须在 13V 以内（不允许使用锂电及铁锂电）。

（5）允许使用遥控器，对于 DC 马达、伺服马达、孔板等机器人零部件无限制。

2）场地要求

场地如图 B-1 和图 B-2 所示。

场地材质为硬泡沫。

图 B-1　机器人比赛场地平面图

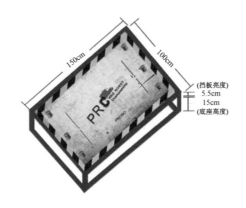

图 B-2　机器人比赛场地立体图

3）评判规则

（1）如图 B-1 所示，机器人要在场地指定位置开始比赛，双方阵营后端有 3 个生命柱摆放位置（双方生命柱颜色应不同，但同一方的 3 个生命柱颜色一致）。

（2）比赛时长为 2 分钟，若 2 分钟内未分胜负，则重量轻者获胜。当一方阵营的 3 个生命柱都被推出擂台时，另一方获胜。

（3）如果机器人从擂台上掉下去，则要减去 2 个生命柱。机器人掉落擂台的瞬间暂停比赛，待裁判员将掉落的机器人放回比赛起始位置后重新开始。

（4）对峙时间超过 20 秒，裁判员会暂停比赛，将机器人放回比赛起始位置后重新开始。

（5）比赛进行中，双方队员不得用手触碰机器人或生命柱，违规者将直接被淘汰。

（6）参赛选手如出现不文明行为（谩骂、威胁、妨碍对方比赛行为等），一律取消比赛资格。

（7）未能明示的规则，最终由裁判员判定。

参 考 文 献

[1] 蔡自兴，谢斌. 机器人学 [M]. 3 版. 北京：清华大学出版社，2015.

[2] 邓学忠，姚明万. 中国古代指南车和记里鼓车 [J]. 中国计量，2009(8):54-56.

[3] 佚名. 木牛流马——诸葛亮的伟大发明到底是何物 [J]. 科学大观园，2014(7):66-67.

[4] 中山秀太郎，石玉良. 世界机械发展史 [M]. 北京：机械工业出版社，1986.

[5] 孟庆春，齐勇，张淑军，等. 智能机器人及其发展 [J]. 中国海洋大学学报（自然科学版），2004，
    34(5):831-838.

[6] 网易科学. 奇妙的机器人世界（二）[EB/OL]. [2005-09-20]. http://tech.163.com/05/0920/00/1U29CDF0
    00091KLG_2.html.

[7] 周兰.《机器人机身及行走机构》PPT 文件 [EB/OL]. [2017-12-16]. https://wenku.baidu.com/view/
    ea05c16527d3240c8447ef74.html?from=search.

[8] 仪器仪表元器件标准化技术委员会. 传感器通用术语：GB/T 7665—2005[S]. 北京：中国标准出版
    社，2006.

[9] 吴振彪，王正家. 工业机器人 [M]. 武汉：华中科技大学出版社，2006.

[10] 百度百科.“嵌入式系统”词条 [EB/OL]. [2017-12-16]. https://baike.baidu.com/item/%E5%B5%8C%
    E5%85%A5%E5%BC%8F%E7%B3%BB%E7%BB%9F.

[11] 谭浩强. C 程序设计 [M]. 4 版. 北京：清华大学出版社，2010.

[12] 普拉达，姜佑. C Primer Plus[M]. 6 版. 北京：人民邮电出版社，2016.

[13] “ENIAC”. ENIAC USA 1946. History of Computing Project. 13 March 2013. Retrieved 18 May 2016.

[14] 彭绍东. 论机器人教育（上）[J]. 电化教育研究，2002(6):16-19.

[15] 叶兆宁. 美国新一代科学教育标准概要（一）[J]. 中国科技教育，2012(6):6-7.

[16] 皮亚杰. 发生认识论原理 [M]. 北京：商务印书馆，1996.

[17] 中华人民共和国教育部. 教育部关于全面深化课程改革落实立德树人根本任务的意见 [EB/OL].
    [2014-04-08]. http://www.moe.edu.cn/srcsite/A26/s7054/201404/t20140408_167226.html.

[18] B. S. 布卢姆. 教育目标分类学（第一分册）——认知领域 [M]. 上海：华东师范大学出版社，1986.

[19] B. S. 布卢姆，施良方，张云高. 教育目标分类学（第二分册）——情感领域 [M]. 上海：华东师范大
    学出版社，1989.

[20] 哈罗，辛普森，施良方，等. 教育目标分类学（第三分册）——动作技能领域 [M]. 上海：华东师范大学出版社，1989.

[21] 百度百科."空间想象力"词条 [EB/OL]. [2017-12-16]. https://baike.baidu.com/item/%E7%A9%BA%E9%97%B4%E6%83%B3%E8%B1%A1%E5%8A%9B.

[22] 百度百科."逻辑思维力"词条 [EB/OL]. [2017-12-16]. https://baike.baidu.com/item/%E9%80%BB%E8%BE%91%E6%80%9D%E7%BB%B4%E8%83%BD%E5%8A%9B.

[23] 百度百科."团队协作能力"词条 [EB/OL]. [2017-12-16]. https://baike.baidu.com/item/%E5%9B%A2%E9%98%9F%E5%8D%8F%E4%BD%9C%E8%83%BD%E5%8A%9B.

[24] 百度百科."创新能力"词条 [EB/OL]. [2017-12-16]. https://baike.baidu.com/item/%E5%88%9B%E6%96%B0%E8%83%BD%E5%8A%9B.

[25] 杨开城. 以学习活动为中心的教学设计实训指南 [M]. 北京：电子工业出版社，2016.

[26] 李龙. 教学设计 [M]. 北京：高等教育出版社，2010.

[27] 曹能秀，王凌. 外国儿童心理发展和教育的理论 [M]. 昆明：云南民族出版社，2011.

[28] 百度百科."学习理论"词条 [EB/OL]. [2017-12-16]. https://baike.baidu.com/item/%E5%AD%A6%E4%B9%A0%E7%90%86%E8%AE%BA.

[29] 杨红燕. 浅谈教育技术中行为主义学习理论的应用 [J]. 科教文汇，2010(11):42-42.

说　　明

本书部分图片由北京暴丰科技有限公司提供，具体如下。

图 1-31　机械类教育机器人

图 1-39　滚轮式机器人

图 3-1　战斗机器人——格林机关枪

图 3-2　教育机器人部分硬件设备

图 3-3　不同类型的孔板

图 3-4　8×12 孔板

图 3-5　六棱柱及其结构

图 3-6　各类型连接件

图 3-7　L 型 2×2 连接件与 L 型 2×3 螺纹连接件的比较

图 3-8　轮子的构成

图 3-9　螺钉、螺母与螺丝刀

图 3-11　CPU 板

图 3-17　教育机器人的传感器

图 3-18　与传感器相连的器件

图 3-19　红外传感器

图 3-21　机器人循迹

图 3-22　红外传感器的工作原理